国家职业教育专业教学资源库配套教材

智能制造专业群系列教材

工业机器人操作与编程
（广州数控工业机器人）

主　编　郐　新　丁大为

副主编　汪荣青　张丽萍　魏文峰

参　编　刘庆伟　何树洋

科学出版社

北　京

内 容 简 介

本书是国家职业教育专业教学资源库配套教材，基于专业工作领域模块化、工作任务项目化、职业能力具体化的课程理念进行编写。本书共分为 3 个工作领域、8 个工作任务、23 项职业能力，主要介绍广州数控工业机器人操作、参数设置与编程。

本书体现校企"双元"，强调"工学结合"，注重思政融合、"岗课赛证"融通和信息化资源配套，可作为应用型本科、高职院校智能制造装备技术、工业机器人应用等专业的教材，也可供相关从业人员参考。

图书在版编目（CIP）数据

工业机器人操作与编程：广州数控工业机器人 / 郇新，丁大为主编. 北京：科学出版社，2024.6.（国家职业教育专业教学资源库配套教材）（智能制造专业群系列教材）. -- ISBN 978-7-03-078885-6

Ⅰ. TP242.2

中国国家版本馆 CIP 数据核字第 2024JR8069 号

责任编辑：张振华 / 责任校对：赵丽杰
责任印制：吕春珉 / 封面设计：东方人华平面设计部

科学出版社 出版
北京东黄城根北街 16 号
邮政编码：100717
http://www.sciencep.com

三河市骏杰印刷有限公司印刷
科学出版社发行 各地新华书店经销
*

2024 年 6 月第 一 版 开本：787×1092 1/16
2024 年 6 月第一次印刷 印张：9
字数：200 000
定价：48.00 元

前　言

  制造业是立国之本、兴国之器、强国之基，是一国国民经济的主体，也是提升综合国力、确保国家安全、建设世界强国的保障。当前，人类在技术革命领域不断开拓创新，大数据、云计算、物联网等技术得以成熟应用，工业自动化、数字化的水平不断提高，以信息化和智能化为主导的新工业革命和数字经济正在加速改变世界格局。目前，我国正处于从制造业价值链低端向中高端、从制造大国向制造强国、从"中国制造"向"中国创造"转变的关键时期。

  继德国提出"工业 4.0"之后，美国、英国、日本等世界主要工业发达国家均出台了一系列国家政策，以支持本国工业发展，应对新一轮工业革命所带来的挑战。我国政府通过统筹兼顾国内外环境，提出了实施制造强国"三步走"战略，并于 2015 年 5 月由国务院颁布出台了指导未来工业发展的第一个十年计划《中国制造 2025》，力争在十年内跻身世界制造强国行列。尽管各个国家在制定相应战略政策时，由于各自工业基础和发展环境的不同，其战略侧重点有所区别，然而以工业机器人为代表的智能制造却一直作为未来工业发展的主旋律备受重视。

  教育是国之大计、党之大计。教育、科技、人才是全面建设社会主义现代化国家的基础性、战略性支撑。随着国家对职业教育的重视和投入的不断增加，我国职业教育得到了快速发展，为社会输送了大批工作在一线的技术技能人才。但应该看到，当前工业机器人技术发展日新月异，新理论、新技术不断出现，而工业机器人行业从业人员的数量和质量却远远落后于产业发展的需求。随着行业转型升级，企业间的竞争日趋残酷和白热化，现代企业对具有良好的职业道德、必要的文化知识、熟练的职业技能等综合职业能力的高素质劳动者和技能型人才的需求也越来越广泛。这些亟须职业院校创新教育理念、改革教学模式、优化专业教材，尽快培养出真正适合工业机器人行业发展需求的高素质劳动者和技能型人才。

  党的二十大报告中指出："加快建设国家战略人才力量，努力培养造就更多大师、战略科学家、一流科技领军人才和创新团队、青年科技人才、卓越工程师、大国工匠、高技能人才。"为了适应产业发展和教学改革的需要，编者根据二十大报告精神和《职业院校教材管理办法》《高等学校课程思政建设指导纲要》《"十四五"职业教育规划教材建设实施方案》等相关文件精神，在行业、企业专家和课程开发专家的精心指导下编写了本书。

  本书的编写紧紧围绕"培养什么人、怎样培养人、为谁培养人"这一教育的根本问题，以落实立德树人为根本任务，以培养学生的综合职业能力为中心，以培养卓越工程师、大国工匠、高技能人才为目标，以"科学、实用、新颖"为编写原则。相比以往同类图书，本书的体例更加合理，概念阐述更加严谨，内容重点更加突出，文字表达更加简明易懂，工程案例和思政元素更加丰富，配套资源更加完善。具体而言，主要具有以下突出特点。

1. 校企"双元"联合编写，行业特色鲜明

本书是在行业专家、企业专家和课程开发专家的指导下，由校企"双元"联合编写的新形态融媒体教材。编者均来自教学或企业一线，具有多年的教学或实践经验。在编写过程中，编者能紧扣该专业的培养目标，遵循教育教学规律和技术技能人才培养规律，将工业机器人行业发展的新理论、新标准、新规范和技能大赛所要求的知识、能力和素养融入教材，符合当前企业对人才综合素质的要求。

2. 与实际工作岗位对接，强调"工学结合"

本书从广州数控工业机器人操作与编程实际出发，以真实生产项目、典型工作任务、案例等为载体组织教学内容，能够满足模块化教学、案例式教学等不同教学方式的要求。

本书共分为 3 个工作领域：工作领域 A 为工业机器人操作，包含 3 个工作任务、7 项职业能力；工作领域 B 为工业机器人参数设置，包含 2 个工作任务、6 项职业能力；工作领域 C 为工业机器人编程，包含 3 个工作任务、10 项职业能力。其中，每个工作任务分为若干项职业能力，每项职业能力以"核心概念""学习目标""基本知识""能力训练""课后作业"等模块展开，层层递进，环环相扣，具有很强的针对性和可操作性。

3. 融入思政元素，落实课程思政

为落实立德树人根本任务，充分发挥教材承载的思政教育功能，本书将精益化生产管理理念、安全意识、质量意识、环保意识、职业素养、工匠精神的培养与教材的内容相结合，潜移默化地提升学生的思想政治素养。

4. 对接职业标准和大赛标准，实现"岗课赛证"融通

本书编写基于广州数控工业机器人操作与运维实训平台，紧密围绕"知识、技能、素养"三位一体的教学目标，注重与 1+X 职业资格证书和国家职业技能标准及技能大赛要求对接，实现"书证"融通、"岗课赛证"融通。

5. 配套立体化资源，便于实施信息化教学

本书是国家职业教育专业教学资源库配套教材，教学资源丰富，可支撑进行线上线下混合式教学。此外，本书配有免费的立体化的教学资源包（包括多媒体课件、微课、视频等），书中穿插有丰富的二维码资源链接，通过扫描可以观看相关的微课视频。

本书主要由潍坊工程职业学院、浙江机电职业技术学院、广州数控设备有限公司等校企合作编写完成。由郇新（潍坊工程职业学院）、丁大为（潍坊工程职业学院）担任主编，汪荣青（浙江机电职业技术大学）、张丽萍（潍坊工程职业学院）、魏文峰（广州数控设备有限公司）担任副主编，刘庆伟（潍坊工程职业学院）、何树洋（广州数控设备有限公司）参与编写。

在编写本书过程中，编者查阅和参考了众多文献资料，从中得到了许多教益和启发，在此向参考文献的作者致以诚挚的谢意。此外，编者所在单位的有关领导和同事也给予了很多支持和帮助，在此一并表示衷心的感谢。

限于编者水平，书中难免存在不妥之处，恳请读者提出宝贵意见，以便今后修订和完善。

目 录

工作领域 A 工业机器人操作

工作领域 B　工业机器人参数设置

工作领域 C　工业机器人编程

A

工作领域

工业机器人操作

    工业机器人是面向工业领域的多关节机械手或多自由度的机器装置，它能自动执行工作任务，是靠自身动力和控制能力来实现各种功能的一种机器。它可以接受人类指挥，也可以按照预先编排的程序运行。现代的工业机器人还可以根据人工智能技术制定的原则纲领行动。使用工业机器人可有效提升工作效率和产品品质，但同时也要高度重视安全生产问题。一次次机器人伤人事件，给机器人的安全生产敲响了警钟。工业机器人操作者必须掌握工业机器人安全操作规程，树立安全意识和规范意识。

    工业机器人一般由机器人本体、控制柜和示教盒3个基本部分组成。其中，示教盒是工业机器人中的人机交互装置，为用户提供了手持式数据交换接口和人机交互界面，可以方便用户直接对机器人进行操控，完成对机器人的示教、编程，同时支持运行数据信息的监控、查询和输入，以及必要的操作提示等。

工作任务 A1　工业机器人安全操作

职业能力 A1-1　正确认识工业机器人相关安全标志和用具

【核心概念】

- 安全标志：用以表达特定安全信息的标志，由图形符号、安全色、几何形状（边框）或文字构成。
- 安全用具：为防止触电、坠落、灼伤等事故发生的保障工作人员安全的各种专用工具，包括工作服、安全帽、安全鞋等。

【学习目标】

- 能认识常见的工业机器人相关安全标志。
- 能使用工业机器人相关安全用具。
- 树立爱岗敬业意识，增强工作责任心。

视频：操作机器人安全须知

基本知识：工业机器人相关安全标志

操作机器人的人员必须经过专业的培训才能上岗作业，机器人安全人员等级设定如表 A1-1 所示。

表 A1-1　机器人安全人员等级设定

系统模式	人员定义	允许操作事项	备注
操作模式	操作人员	1）接通/断开系统电源； 2）启动或停止程序； 3）系统报警状态恢复	1）设备运行时，禁止操作人员进入安全围栏内； 2）在启动程序时，必须检查机器人位置与程序停止位置是否一致
编辑模式	编程/示教人员	进行机器人的示教、外围设备的调试等安全防护围栏内作业	必须接受针对机器人的专业培训
管理模式	维护技术人员	进行机器人的日常检查和维护、维修作业	

1. 安全标志

《工业机器人 GR-C 控制系统　操作说明书》（2022 年 2 月第 7 版）将机器人操作注意事项分为"危险""注意""注释"3 个安全等级状态。作业人员应按照提醒遵守相关的安全事项。机器人安全等级分类标志如表 A1-2 所示。

表 A1-2　机器人安全等级分类标志

标志	说明
⚠ 危险	若操作不当，则有可能导致操作者重伤甚至死亡
⚠ 注意	若操作不当，则有可能导致操作者轻伤或设备损坏
注释	除"危险"和"注意"外的补充说明

2. 基本注意事项

机器人作业的基本注意事项如表 A1-3 所示。

表 A1-3 机器人作业的基本注意事项

标志	注意事项
⚠危险	不可在易燃、易爆、辐射性强、水下等环境中作业
	不可攀爬机器人
	不可用于运输人或动物

机器人基本作业规范如表 A1-4 所示。

表 A1-4 机器人基本作业规范

标志	具体内容
⚠危险	在理解工业机器人 GR-C 控制系统操作说明书的"危险"和"注意"标志的基础上使用机器人
	机器人相关作业人员必须接受相关培训方能操作机器人
	作业人员不准长发外露；必须穿戴安全用具作业，包括工作服、安全帽、安全鞋等
	内衣、衬衫、领带等不能露在工作服外
	启动机器人前必须确认各类停止信号有效，出现异常应立即按下紧急停止按钮
	在任何情况下都不能修改或忽视安全装置和电路，注意防止触电
	工作前要确认好发生意外的躲避路径
⚠注意	在操作示教盒时，不能戴手套，防止触感不灵敏导致操作失误
	请勿随意放置机器人示教盒，用完后须放回控制柜挂钩处

机器人安全防护围栏、机器人及周边设备布置注意事项如表 A1-5 所示。

表 A1-5 机器人安全防护围栏、机器人及周边设备布置注意事项

标志	具体内容
⚠危险	在机器人工作时，为确保工作人员的安全，必须安装安全防护围栏
	在特殊情况下，可通过光电开关等装置来代替防护围栏
	安全防护围栏必须依照机器人安全防护围栏布局的空间要求安装，保留足够的工作空间
	安全防护围栏应采用坚固、无锐利尖角或凸起的材料及不易跨入的结构
	安全防护围栏的出入门必须设有安全开关，拉开安全开关打开门时，机器人处于停止状态，电机抱闸制动处于有效状态
	机器人的紧急停止按钮应设在工作人员可迅速操作的位置
	应在机器人工作区域（危险区域）的地板上做油漆标记，予以识别
	禁止把手伸进防护围栏内部进行搬入、搬出作业物等操作。自动、手动操作模式的指示装置应安装在显眼位置，要确保蜂鸣器或警示灯等提示装置有效

3. 连接安全电路

连接安全电路的相关注意事项如表 A1-6 所示。

表 A1-6 连接安全电路的相关注意事项

标志	注意事项
⚠危险	在连接所有外接信号时，必须断电连接，检查线路无误后才能上电试运行
	尤其在连接与"停止"相关的外围设备和机器人的各类信号（如外部急停、运行、停止、暂停、使能等信号）时，必须避免错误连接并确保停止信号有效

能力训练：工业机器人操作前的准备工作

1. 操作条件

1）广州数控工业机器人操作与运维实训平台。

2）《工业机器人 GR-C 控制系统 操作说明书》（2022 年 2 月第 7 版）。

2. 安全及注意事项

1）禁止在工业机器人周围做出危险行为，接触工业机器人或周围机械有可能造成人身伤害。

2）为防止发生危险，操作人员在操作工业机器人时必须穿戴好工作服、安全鞋、安全帽等安全用具。

3）接触工业机器人控制柜、操作盘、工件及其他夹具等，有可能造成人身伤害。

4）禁止强制启动工业机器人、悬吊于工业机器人下、攀爬工业机器人，以免造成人身伤害或设备损坏。

5）禁止靠在工业机器人或其他控制柜上，不要随意按动开关或按钮，以免造成人身伤害或设备损坏。

6）当工业机器人处于通电状态时，禁止未经过专门培训的人员接触工业机器人控制柜和示教盒，否则错误操作会导致人身伤害或设备损坏。

3. 操作过程

工业机器人操作前的准备工作如表 A1-7 所示。

表 A1-7 工业机器人操作前的准备工作

序号	步骤	操作方法及说明	质量标准
1	判断机器人操作是否安全、规范	观看工业机器人操作视频，判断操作是否安全、规范	正确判断操作是否安全、规范
2	识读机器人周边常用安全标志	识读机器人周边常用安全标志：	认识所有安全标志

续表

序号	步骤	操作方法及说明	质量标准
3	穿戴安全用具	穿戴安全用具作业，包括工作服、安全帽、安全鞋等	安全用具齐全，穿戴正确
4	设置安全防护围栏	根据工业机器人说明书和设备情况，在设备外围正确设置机器人安全防护围栏，以保证人员和设备安全，部分区域会安装门或留出通道以便货物进出和人员检修	安全防护围栏设置正确
5	找出机器人紧急停止按钮	找出机器人常用紧急停止按钮，包括示教盒上的紧急停止按钮、控制柜上的紧急停止按钮和实训台上的紧急停止按钮	找到所有设备的紧急停止按钮
6	查看机器人软限位和机械限位	1）查看第1和第2轴软限位； 2）找出第1和第2轴机械限位，通常使用橡胶块等防止硬冲击	正确查看机器人软限位，找出机械限位
7	设备整理和清洁	整理设备、清洁工位，并填写设备使用记录	按规定清理好自己的工位

4. 学习结果评价

学习结果评价如表 A1-8 所示。

表 A1-8　学习结果评价

序号	评价内容	评价标准	评价结果（是/否）
1	判断机器人操作是否安全、规范	正确判断操作是否安全、规范	
2	识读机器人周边常用安全标志	认识所有安全标志	
3	穿戴安全用具	安全用具齐全，穿戴正确	
4	设置安全防护围栏	安全防护围栏设置正确	
5	找出机器人紧急停止按钮	找到所有设备的紧急停止按钮	
6	查看机器人软限位和机械限位	正确查看机器人软限位，找出机械限位	
7	设备整理和清洁	按规定清理好自己的工位	

问题情境一：

关闭安全防护围栏，机器人无法运行，应如何处理？

如果在安全防护围栏关闭的情况下，机器人不能正常运行，则需检查安全防护围栏上的安全开关是否损坏，安全开关电路是否接通。若安全开关损坏或电路断开，需更换安全开关并接通电路，这时机器人恢复正常状态。安全防护围栏上装有安全开关，开关闭合后机器人才能正常运行。

问题情境二：

机器人在日常运行、操作时，需要注意哪些安全操作事项？

1）工业机器人运行时，任何人不得进入工业机器人的安全防护区域或安全防护围栏内，以避免造成人身损害。人与机器人之间应确定物理的、空间的分隔，设立安全防护区域和限制区域。

2）进行机器人或机器人系统的示教、维护、修理等工作的人员必须具备安全操作所需的知识和技能。

3）机器人的维护人员或程序设计员，在进行示教、准备、维护、程序确认和故障排除时，在不得不进入安全防护区域（安全栅栏）内的情况下，应预先制定安全的作业步骤和异常处理措施等。

4）在机器人操作人员进行示教和编程后，必须通过单步运行进行确认运行之后，才能启动自动运行。在安全防护区域（安全栅栏）内进行确认运行时，应按照预定的作业步骤执行作业，确保不与外围设备发生干涉。对于较长或较复杂的操作程序，应先打印并充分理解程序的执行顺序，然后进行确认运行。

5）在启动自动运行之前，应确认安全防护区域（安全栅栏）内无人，且相关外围设备均处于可进入自动运行的状态，无异常显示。

6）若机器人及外围设备出现任何异常情况，应立即停止运行并切断电源。

课后作业

1. 分别写出下列工业机器人安全标志的名称。

2. 具体描述工业机器人的使用环境。
3. 工业机器人的安全操作注意事项有哪些？

职业能力 A1-2　掌握机器人安全运行的措施和急停方法

【核心概念】

- 安全措施：为了达到保障操作人员的生命财产、安全及防范生产安全事故发生等目的而采取的措施。
- 安全操作规范：指在机器人使用环境及生产活动中，为消除能导致人身伤亡或造成设备损坏、财产损失及危害环境的因素而制定的规范性操作方法。

【学习目标】

- 掌握试运行机器人及机器人自动运行、维修检查时的安全措施。
- 掌握机器人编程过程中的注意事项。
- 能及时发现工业机器人在操作过程中出现的问题并及时按下紧急停止按钮。
- 树立安全生产意识，遵守职业道德规范。

基本知识：工业机器人安全操作措施

1. 编程时的安全措施

编程示教时操作人员注意事项如表 A1-9 所示。

表 A1-9　编程示教时操作人员注意事项

标志	注意事项
⚠危险	机器人的控制方法、操作方法、异常时的应对措施等，应根据安装环境、作业内容编写相应的作业规定，并且按照作业规定进行工作
	须由两名工作人员配合工作，一人进行示教工作，另一人在安全防护围栏外监视，以便在发生意外时能及时按下紧急停止按钮
	编程示教时，应在防护围栏上挂起"正在示教工作"的标示板
	示教工作人员应注意： 1）进入安全防护围栏内时，拉开安全门后，工作人员必须随身携带安全门钥匙； 2）进行示教工作前，应确认躲避意外的安全途径； 3）进行示教工作时，应时刻注意机器人的动作； 4）原则上，示教工作人员应在机器人工作范围外工作； 5）不得以在机器人工作范围内作业时，应携带示教盒，手放在紧急停止按钮上，以防机器人的误动作及错误条件所导致的事故
	监视人员应注意： 1）应位于可以查看整个机器人的位置，专门监视机器人的动作是否有异常； 2）出现异常时，及时按紧急停止按钮； 3）非工作人员禁止接近机器人的工作区域
	机器人操作结束后，必须清扫安全防护围栏内部，确认内部是否留有工具、油分、异物。经常整理设备周围，保持清洁
	发生异常时应采取以下措施： 1）及时按紧急停止按钮； 2）紧急停止后查看异常时，必须确认相关设备处于停止状态； 3）电源发生异常而机器人自动停止运行时，应确认机器人紧急停止按钮被按下、机器人完全停止运行后，再查明原因，采取对应措施； 4）紧急停止装置不能执行其功能时，请及时断开主电源，查明原因后采取措施； 5）只限定工作人员进行异常原因查找，采取措施后才能按序重启运行机器人并进行作业
	机器人停止运行时，不要擅自接近设备，因为机器人在等待外部设备输入信号、暂时停止等情况下也会处于停止状态，机器人状态如表 A1-10 所示
⚠注意	手动操作机器人时，系统速度上限值为 250mm/s

表 A1-10　机器人状态

序号	机器人状态	驱动源	进入许可
1	暂时停止中（暂停状态、停止状态、轻微异常）	ON	X
2	紧急停止中（重大异常、紧急停止按钮）	OFF	O
3	正在等待外部设备输入信号	ON	X
4	正在重新启动中	ON	X
5	等待中	ON	X
注释	1）在可以进入的状态下也不能忽视突然移动的情况，在没有做好紧急情况对应准备的状态下，不允许接近设备。 2）X 表示不允许进入；O 表示允许进入		

2. 试运行机器人时的安全措施

试运行机器人前应采取必要的安全措施和注意事项，如表 A1-11 所示。

表 A1-11   试运行机器人前应采取的必要的安全措施和注意事项

标志	安全措施和注意事项
⚠ 危险	试运行机器人前，必须确认安全防护围栏内没有人员
	试运行机器人前，必须确认紧急停止按钮及信号等功能有效且无异常
	试运行机器人时，必须先低速启动，确认工作状态，发现问题时，立即修正，然后逐渐增大速度
	在试运行阶段，设备处于信赖度低的状态，必须在安全位置时刻关注机器人的实际运行状况

3. 自动运行时的安全措施

机器人自动运行时的必要安全措施和注意事项如表 A1-12 所示。

视频：机器人安全
上电和急停操作

表 A1-12   机器人自动运行时的必要安全措施和注意事项

标志	安全措施和注意事项
⚠ 危险	在自动运行开始之前，必须检查防护围栏内部是否有人
	自动运行时，在防护围栏出入口应挂起"运行中，禁止进入"的标示板
	在自动运行开始之前，必须检查机器人是否处于可自动运行位置，检查程序编号或子程序编号是否与机器人位置对应
	在自动运行开始之前，必须做好立即按紧急停止按钮的准备。若发生预料外的工况，应立即按下紧急停止按钮
	因发生异常而采取措施后确认工作时，请勿在防护围栏内部有人的状态下操作设备；采取措施后，应转至试运行阶段，重新检查是否可自动运行

4. 出入安全防护围栏内部时的安全措施

在机器人运行过程中，禁止任何人员进入防护围栏内；在机器人非运行状态下，仅限编程/示教人员和维修技术人员进入。进入机器人的工作区域内时，工作人员应注意有可能出现的突发动作，机器人可能因外部信号的触发而突然动作，其他安全事项如表 A1-13 所示。

表 A1-13   其他安全事项

标志	安全事项
⚠ 危险	进入机器人工作区域内的安全门时，应携带示教盒进去，防止其他人员操作机器人
	防护围栏出入口必须挂上"正在调试"的警告牌
	示教盒上的操作设置模式应为"示教模式"
	操作机器人之前，先确认示教盒、控制柜上的紧急停止按钮有效

5. 维修检查时的安全措施

机器人日常检查和异常维修安全措施如表 A1-14 所示。

表 A1-14   机器人日常检查和异常维修安全措施

标志	日常检查和异常维修安全措施
⚠ 危险	维修、检查工作必须由接受特别培训并熟知其内容的人员进行
	在进行维修、检查工作之前，必须确认周围安全事项，确保达到安全作业要求
	必须先断开电源，并且在电源开关处挂上"禁止上电"的警告标牌

续表

标志	日常检查和异常维修安全措施
⚠️ 危险	在进行机器人本体的维修、检查时，须遵循《RB 165A1-2790 机器人使用说明书（机械分册）》（2022 年 11 月第 1 版）的指导进行工作
	维修、检查结束后，确认控制柜、机器人本体及其他辅助设备内部、周边没有留有工具或其他零件，关闭各设备的安全门
	确认机器人的当前位置和状态，以低速（250mm/s 以内）启动机器人

6．紧急停止功能

紧急停止功能是为了在工作人员或设备处于危险状况时，通过紧急停止来规避或减轻人身财产的损失。紧急停止有以下两种方法：

（1）系统自身紧急停止

机器人控制柜和示教盒分别设有一个紧急停止按钮，它们的功能如表 A1-15 所示。

表 A1-15　紧急停止按钮的功能

标志	步骤	功能
⚠️ 危险	按下示教盒上的紧急停止按钮	机器人使能状态断开，各轴电动机抱闸制动，电动机停止动作
		机器人系统停止运行
		在示教盒上显示紧急停止信息
	按下控制柜上的紧急停止按钮	断开伺服驱动电源，驱动断电停止
		机器人使能状态断开，各轴电动机抱闸制动，电动机停止动作
		机器人停止运行
		在示教盒上显示紧急停止（总线断开）信息

（2）外部系统紧急停止

外部紧急停止装置（开关）根据紧急停止电路应用标准连接至安全电路，工业机器人 GR-C 控制系统默认配置的外部急停端口为 X0.0 或 IN0，输入端口为高电平开路时，紧急停止有效。根据实际需求，用户可自定义增加紧急停止信号端口。

能力训练：检查、启动工业机器人安全措施

1．操作条件

1）广州数控工业机器人操作与运维实训平台。

2）《工业机器人 GR-C 控制系统　操作说明书》（2022 年 2 月第 7 版）。

2．安全及注意事项

1）禁止在工业机器人周围做出危险行为，接触工业机器人或周围机械有可能造成人身伤害。

2）为防止发生危险，操作人员在操作工业机器人时必须穿戴好工作服、安全鞋、安全帽等安全用具。

3）接触工业机器人控制柜、操作盘、工件及其他夹具等，有可能造成人身伤害。

4）禁止强制启动工业机器人、悬吊于工业机器人下、攀爬工业机器人，以免造成人身伤害或设备损坏。

5）禁止靠在工业机器人或其他控制柜上，不要随意按动开关或按钮，以免造成人身伤害或设备损坏。

6）当工业机器人处于通电状态时，禁止未经过专门培训的人员接触工业机器人控制柜和示教盒，否则错误操作会导致人身伤害或设备损坏。

3. 操作过程

检查、启动工业机器人安全措施的操作过程如表 A1-16 所示。

表 A1-16　检查、启动工业机器人安全措施的操作过程

序号	步骤	操作方法及说明	质量标准
1	查看机器人的安全状态	1）暂时停止中（暂停状态、停止状态、轻微异常）； 2）紧急停止中（重大异常、紧急停止按钮）； 3）正在等待外部设备输入信号； 4）正在重新启动； 5）等待中	正确读取机器人的安全状态
2	试运行机器人前的安全检查	1）检查安全防护围栏内是否有人； 2）检查紧急停止按钮是否有效； 3）检查机器人是否处于低速运行状态； 4）检查机器人当前状态	正确完成安全检查操作
3	进入安全防护围栏内部的安全检查	1）按下示教盒、控制柜上的紧急停止按钮； 2）示教盒上的操作设置模式应为"示教模式"； 3）防护围栏出入口必须挂上"正在调试"的警示牌； 4）携带示教盒进去，防止其他人员操作机器人	正确完成安全检查操作
4	操作机器人启动紧急停止功能	1）找出并按下示教盒上的紧急停止按钮（下图），分析其功能；  2）找出并按下控制柜上的紧急停止按钮（下图），分析其功能 	紧急停止按钮可以正常使用
5	设备整理和清洁	整理设备、清洁工位，并填写设备使用记录	按规定清理好自己的工位

4. 学习结果评价

学习结果评价如表 A1-17 所示。

表 A1-17　学习结果评价

序号	评价内容	评价标准	评价结果（是/否）
1	查看机器人的安全状态	正确读取机器人的安全状态	
2	试运行机器人前的安全检查	正确完成安全检查操作	
3	进入安全防护围栏内部的安全检查	正确完成安全检查操作	
4	操作机器人启动紧急停止功能	紧急停止按钮可以正常使用	
5	设备整理和清洁	按规定清理好自己的工位	

问题情境：

示教盒和控制柜上的紧急停止按钮的功能有什么区别？

示教盒和控制柜上的紧急停止按钮均可以使机器人停止，但它们的功能并不完全相同，具体区别如下。

1）按下示教盒上的紧急停止按钮，只是暂停机器人的运动，并未切断伺服电源；按下控制柜上的紧急停止按钮，可断开伺服驱动电源，各轴电动机抱闸制动，使电动机停止动作。

2）按下示教盒上的紧急停止按钮，示教盒提示紧急停止信息；按下控制柜上的紧急停止按钮，示教盒提示紧急停止（总线断开）信息。

课后作业

1．在机器人开机前，操作人员需要做哪些安全准备？

2．机器人控制柜发生火灾时，用何种灭火方式合适？

3．机器人在运行时，出现哪些情况需要操作人员立刻按下紧急停止按钮？

工作任务 A2　GR-C 控制系统的使用

职业能力 A2-1　正确认识工业机器人的结构组成

【核心概念】

- 控制柜：机器人的控制核心部分，集成了各类电气元件、电动机、控制系统主机、交互端口等。
- 机器人本体：机器人的支承基础和执行机构，主要由 6 个伺服电动机、减速器和多段机械臂串联组成。
- 示教盒：为用户提供手持式数据交换接口和人机交互界面，完成对机器人的示教、编程，运行数据信息的监控、查询和输入，以及必要的操作提示。

【学习目标】

- 能正确认出工业机器人的各组成部分。
- 能正确完成工业机器人的开关机。
- 能正确说明示教盒各部分的功能。
- 树立民族自信，深植爱国主义情怀。

基本知识：工业机器人的结构组成

工业机器人由机器人本体、控制柜和示教盒 3 个基本部分组成，整体结构如图 A2-1 所示。

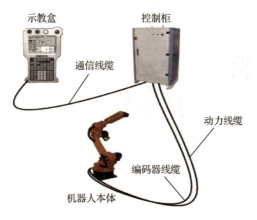

图 A2-1　工业机器人的整体结构

视频：工业机器人主要组成部分和结构

1. 机器人本体

本书描述的机器人本体是指广州数控设备有限公司研发生产的六关节串联工业机器人。机器人本体主要由 6 个伺服电动机、减速器和多段机械臂串联组成。机器人本体示意图如图 A2-2 所示。

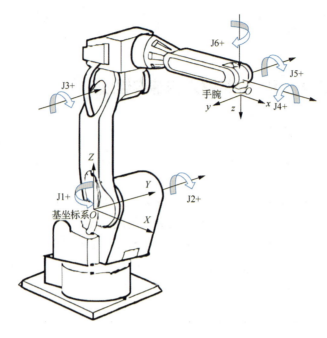

图 A2-2　机器人本体示意图

2. 控制柜

控制柜是机器人的控制核心部分，集成了各类电气元件、电动机、控制系统主机、交互端口等。未经许可或不具备整改资格的人员严禁对控制柜内的电气元件、线路进行增添或变更等操作。电气控制柜如图 A2-3 所示。

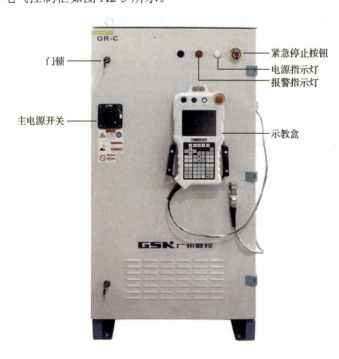

图 A2-3　电气控制柜

3. 示教盒

示教盒（图 A2-4）是工业机器人 GR-C 控制系统的人机交互装置，为用户提供了手持式数据交换接口和人机交互界面，可以方便用户直接对机器人进行操控，完成对机器人的示教、编程，同时支持运行数据信息的监控、查询和输入，以及必要的操作提示。

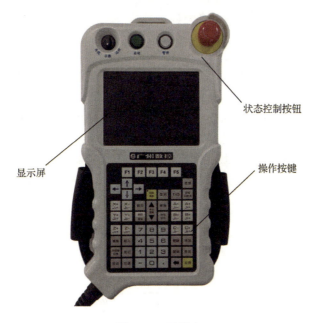

图 A2-4 示教盒

能力训练：认识工业机器人的结构组成

1. 操作条件

1）广州数控工业机器人操作与运维实训平台。

2）《工业机器人 GR-C 控制系统 操作说明书》（2022 年 2 月第 7 版）。

2. 安全及注意事项

1）在进行机器人的安装、维修和保养时，切记要将总电源关闭。带电作业可能会导致致命性后果。如果不慎遭高压电击，可能会导致心跳停止、烧伤或其他严重伤害。

2）在调试与运行时，机器人可能会执行一些意外的或不规范的动作，因此应与机器人保持足够的安全距离。

3）机器人运行时，其工作区域内不能有工作人员。

3. 操作过程

认识工业机器人的结构组成的操作过程如表 A2-1 所示。

表 A2-1 认识工业机器人的结构组成的操作过程

序号	步骤	操作方法及说明	质量标准
1	认识工业机器人	对照实训台机器人，指出机器人各组成部分并讲解各部分的功能	正确指出工业机器人各组成部分并讲解各部分的功能

续表

序号	步骤	操作方法及说明	质量标准
2	控制柜上电	1）找出并打开控制柜的主电源开关，机器人开机； 2）关闭控制柜的主电源开关，关闭机器人	正确开关机器人，查看指示状态
3	连接机器人本体、控制柜、示教盒电缆	1）找出机器人本体与控制柜、示教盒的连接电缆； 2）查明每条电缆的功能； 3）重新连接每条电缆	正确连接电缆
4	说出电气控制柜内各部件的名称及功能	说出控制柜内各部件的名称及功能	正确说出各部件的名称及功能
5	设备整理和清洁	整理设备、清洁工位，并填写设备使用记录	按规定清理好自己的工位

问题情境：

机器人上电开机后，报警信息清除不掉，应如何处理？

在机器人上电开机后，示教盒屏幕出现报警信息，按下复位按钮后报警信息仍不能被清除，这时应检查机器人控制柜上方的紧急停止按钮是否被按下。按下紧急停止按钮会导致示教盒屏幕出现报警信息；释放紧急停止按钮，报警信息被清除，示教盒恢复正常状态。

4. 学习结果评价

学习结果评价如表 A2-2 所示。

表 A2-2　学习结果评价

序号	评价内容	评价标准	评价结果（是/否）
1	认识工业机器人	正确指出工业机器人各组成部分并讲解各部分的功能	
2	控制柜上电	正确开关机器人，查看指示状态	
3	连接机器人本体、控制柜、示教盒电缆	正确连接电缆	
4	说出电气控制柜内各部件的名称及功能	正确说出各部件的名称及功能	
5	设备整理和清洁	按规定清理好自己的工位	

课后作业

1. 描述工业机器人的结构组成。
2. 画出工业机器人各部件的连接图。

职业能力 A2-2　熟练使用示教盒操纵机器人

【核心概念】

- 示教：操纵机器人运行，让机器人按照指定的路径行走并进行记录。
- 再现：机器人按照示教时记忆下来的程序展现动作的过程。
- 机器人坐标系：为确定机器人的位置和姿态而在机器人或空间上进行定义的位置指标系统。

【学习目标】

- 能够记忆示教盒上的按键位置及功能。

- 能够记忆示教盒状态控制按钮的位置及功能。
- 弘扬劳动精神，养成诚实劳动、勤勉工作的作风。

基本知识：示教盒的作用及使用方法

示教盒如图 A2-4 所示，分为显示屏和操作按键两部分。显示屏用于显示当前页面的状态信息。显示屏上方的按钮为机器人状态控制按钮，下方的按键为操作按键。

视频：示教器操作按键的功能与使用

1）状态控制按钮的功能如表 A2-3 所示。

表 A2-3　状态控制按钮的功能

序号	图标	功能
1		[紧急停止]按钮：示教盒紧急停止按钮。 按下此按钮，机器人停止运行，屏幕上显示急停提示信息；松开示教盒上的紧急停止按钮，系统自动恢复正常
2		[暂停]按钮：再现运行程序时，按下该按钮，机器人暂停运行程序，该按钮指示灯亮
3		[启动]按钮：在再现模式下，当伺服就绪时，按下此按钮开始运行程序，该按钮内置指示灯亮
4		模式选择旋钮：可切换 3 种不同的模式。 1）示教：示教模式，可用示教盒进行轴操作、编程、试运行、参数修改与设置、系统状态诊断等操作。 2）再现：再现模式，可对示教好的程序进行再现运行。 3）远程：远程模式，可对示教好的程序文件进行远程控制运行
5		使能开关：位于示教盒后方，用于控制机器人各轴伺服电动机的使能通断。 使能开关有 3 种状态：松开、轻按、过压。松开和过压都将导致伺服使能断开，机器人停止运行；轻按使伺服使能接通，各轴电动机处于激励状态，结合操作按键可对机器人进行移动示教

2）示教盒操作按键的功能如表 A2-4 所示。

表 A2-4　示教盒操作按键的功能

序号	图标	功能
1	F1 F2 F3 F4 F5	F1～F5 键位于面板键盘正上方，为快捷菜单按钮，可快速切换功能页面，分别对应[主页面][程序][编辑][显示][工具]5 个菜单页面
2	▲ ◄ ► ▼	方向键：用于操作页面内的光标移动
3	X+ X- A+ A- Y+ Y- B+ B- Z+ Z- C+ C-	轴操作键：系统在示教模式下，用于移动机器人的按键。在不同的坐标系下，按键表示的意义不同，需要和使能开关同时使用生效（可多轴联动）

续表

序号	图标	功能
4		数字键：主要用于数字及字符的输入，共有 12 个按键：数字键 0～9、小数点"."和负号"－"
5	选择	[选择]键：主要用于实现状态的确认、选择及确定等类似功能
6	伺服准备	[伺服准备]键：按下此按键可使机器人各轴处于[伺服 ON]准备状态。再现运行程序前，须先按下此按键，使各轴伺服电动机使能
7	取消	[取消]键：用于实现关闭、退出页面，返回上一层页面/主页面，状态取消等类似功能
8	坐标设定	[坐标设定]键：手动示教时，点动切换机器人当前运动坐标系。按键循环切换系统状态显示区 J→B→T→U→J
9	获取示教点	[获取示教点]键：获取或记录机器人当前位置值。其他功能参见职业能力 A3-3 中的"4. 组合按键"
10	翻页	[翻页]键：实现列表、文件、程序等快速翻页。按下[转换]+[翻页]组合键，可实现向上翻页的功能
11	转换	[转换]键：主要用于指令格式及指令变量切换；调用软键盘时，可切换键盘字符等。其他功能参见职业能力 A3-3 中的"4. 组合按键"
12	手动速度	[手动速度]键：机器人速度等级设定键，用于调节示教和再现运行时的速度倍率。它与系统状态显示区图标直接关联
13	单段连续	[单段/连续]切换键：在示教模式下，可在"单段""连续"两个动作循环模式之间切换，在再现模式下无效
14	TAB	[TAB]键：页面区域切换键，用于光标在不同区域间循环切换，通常与方向键配合，用于移动光标
15	清除	[清除]键：清除报警信息，复位系统状态
16	外部轴切换	[外部轴切换]键：切换操作和位置显示方式为机器人或外部轴，循环切换外部轴坐标系 E 和机器人当前坐标系
17	输入	[输入]键：确认用户当前的输入内容，主要用于完成编辑内容的输入确认。其他功能参见职业能力 A3-3 中的"4. 组合按键"
18	删除	[删除]键：用于实现删除编辑的内容
19	添加	[添加]键：用于新建、增加相关数据、指令、功能等内容
20	修改	[修改]键：激活页面属性为可修改状态。在[程序编辑]页面按此键，系统进入程序编辑的修改模式。其他功能参见职业能力 A3-3 中的"4. 组合按键"
21	复制	[复制]键：在编辑模式下，复制程序指令
22	剪切	[剪切]键：在编辑模式下，对程序指令进行剪切
23	前进	[前进]键：在示教模式下按住使能开关和[前进]键时，向下运行程序指令，用于检查示教程序
24	后退	[后退]键：在示教模式下按住使能开关和[后退]键时，向上运行程序指令，用于检查示教程序
25	←	[退格]键：用于删除编辑框字符
26	应用	[应用]键：用于启动或取消机器人应用功能

能力训练：使用示教盒操纵机器人

1. 操作条件

1）广州数控工业机器人操作与运维实训平台。

2）《工业机器人 GR-C 控制系统　操作说明书》（2022 年 2 月第 7 版）。

2. 安全及注意事项

1）操作时应小心，避免摔打、抛掷或重击示教盒，以免导致其破碎或故障。在不使用该设备时，将其放置在专门的支架上，以防掉落到地上。

2）在示教盒的使用和存放过程中应避免踩踏电缆。

3）定期用软布蘸少量水或中性清洁剂清洁屏幕。

3. 操作过程

使用示教盒操纵机器人的具体操作过程如表 A2-5 所示。

表 A2-5　使用示教盒操纵机器人的具体操作过程

序号	步骤	操作方法及说明	质量标准
1	坐标系的选择	1）旋转模式选择旋钮，选择"示教"模式； 2）按[坐标设定]键切换坐标系； 3）选择关节坐标系	正确选择坐标系
2	手动移动机器人	1）按 J1~J6 键查看机器人效果； 2）选择直角坐标系，按 X、Y、Z、A、B、C 键，查看机器人运动效果	按正确方向、角度移动机器人
3	快速切换功能页面	1）按快捷键 F1，切换至[主页面]页面； 2）按快捷键 F2，切换至[程序]页面； 3）按快捷键 F3，切换至[编辑]页面； 4）按快捷键 F4，切换至[显示]页面； 5）按快捷键 F5，切换至[工具]页面	正确切换到所需功能页面
4	设备整理和清洁	整理设备、清洁工位，并填写设备使用记录	按规定清理好自己的工位

问题情境：

按压示教器使能开关力量过大时为何伺服使能会断开？如何正确按压使能开关？

机器人使能开关在使用过程中，分为松开、轻按、过压 3 种状态。如果按压示教器使能开关力量过大，则进入过压状态，此时伺服使能处于断开状态。

正确方法是轻按使能开关，使伺服使能处于上电状态。

4. 学习结果评价

学习结果评价如表 A2-6 所示。

表 A2-6　学习结果评价

序号	评价内容	评价标准	评价结果（是/否）
1	坐标系的选择	正确选择坐标系	
2	手动移动机器人	按正确方向、角度移动机器人	
3	快速切换功能页面	正确切换到所需功能页面	
4	设备整理和清洁	按规定清理好自己的工位	

课后作业

1．写出关节坐标系和直角坐标系的不同。

2．写出示教盒上快捷键 F1～F5 的具体作用。

3．手动操作机器人的运动方式有哪几种？

工作任务 A3　GR-C 控制系统操控

职业能力 A3-1　正确认识 GR-C 控制系统主页面的功能

【核心概念】

- 权限模式：定义不同使用者对机器人的查看、编辑、参数设置的权限。
- 位姿值：描述机器人在空间坐标系中的位置与姿态。
- 关节值：描述机器人各轴关节的角度值。
- 人机对话显示区：显示各种提示信息和报警信息的区域。

【学习目标】

- 认识主页面的 8 个显示区及各区的功能。
- 掌握系统状态显示区各部分的功能。
- 能够切换机器人的权限模式。
- 强化规范意识，严格按照操作规程作业。

基本知识：系统主页面

主页面如图 A3-1 所示，共分为 8 个显示区：快捷菜单区、系统状态显示区、导航栏、主菜单区、时间显示区、位置显示区、文件列表区和人机对话显示区。通过按[TAB]键，可在快捷菜单区、主菜单区和文件列表区循环切换光标。在各区域内，可使用方向键或[翻页]键移动光标，并通过[选择]键进入相应的操作页面。

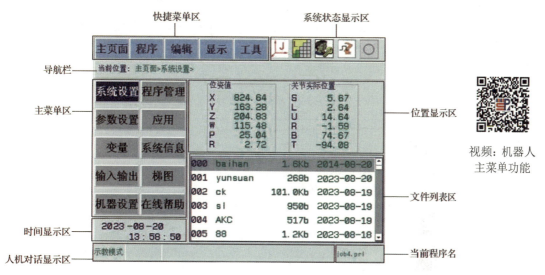

图 A3-1　主页面

1. 系统状态显示区

系统状态显示区如图 A3-2 所示，显示机器人的当前状态。

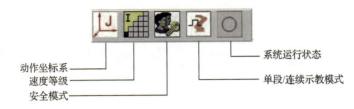

图 A3-2　系统状态显示区

（1）动作坐标系

动作坐标系图标显示当前的操作坐标系，用户可以通过[坐标设定]键循环切换关节坐标系、直角（基）坐标系、工具坐标系、用户坐标系，以及通过[外部轴切换]键切换外部轴坐标系。

机器人动作坐标系注解如表 A3-1 所示。

表 A3-1　机器人动作坐标系注解

序号	坐标系图标	意义	释义
1	J	关节坐标系	关节运动，不保证姿态值，为开机默认坐标
2	B	基坐标系/直角坐标系	以基坐标系为参考，进行方向矢量运动
3	T	工具坐标系	以末端工具坐标系为参考，进行方向矢量运动
4	U	用户坐标系	以当前用户坐标系为参考，进行方向矢量运动
5	E	外部轴坐标系	驱动外部轴运动，同关节坐标系

（2）速度等级

速度等级图标显示系统当前的速度等级，该等级表示当前速度相对于系统最大速度的百分比。具体比值查看路径如下：[主页面]→[系统设置]→[系统速度]。系统速度包括微动、低速、中速、高速和超高速 5 个等级。通过按示教盒上的[手动速度]键可手动增、减速度等级。

机器人速度等级如表 A3-2 所示。

表 A3-2　机器人速度等级

序号	速度等级图标	速度描述	速度比例范围
1	I	微动	1%～10%
2	L	低速	11%～25%
3	M	中速	26%～50%
4	H	高速	51%～75%
5	S	超高速	76%～100%

（3）安全模式

安全模式图标显示当前的操作权限，权限切换路径如下：[主页面]→[系统设置]→[模式切换]。

安全模式包括操作模式、编辑模式、管理模式和厂家模式 4 种。这些模式定义了不同用户对机器人的查看、编辑和参数设置的权限。其中，厂家模式仅供生产厂家操作。

机器人安全模式说明如表 A3-3 所示。

表 A3-3　机器人安全模式说明

序号	安全模式图标	模式	权限说明
1		操作模式	操作模式是面向生产线中进行机器人动作监视的操作者的模式，主要进行机器人启动、停止、监视操作等，还可进行生产线异常时的恢复作业等。开机默认为最低操作模式，无须密码
2		编辑模式	编辑模式是面向进行示教的作业人员的模式，可进行机器人的示教、程序编辑及各种程序文件的编辑等
3		管理模式	管理模式是面向进行系统设定及维护的操作者的模式，可进行部分关节参数的设定、运动参数的设定、系统备份等管理操作
4		厂家模式	厂家模式是面向设备生产厂家的模式，可进行轴参数设定、伺服参数设定、连杆参数设定等管理操作

机器人操作内容对应的安全模式及运行模式如表 A3-4 所示，√表示支持，×表示不支持。安全模式中的厂家模式普通用户无操作权限，这里不作介绍。

表 A3-4　机器人操作内容对应的安全模式及运行模式

机器人操作内容	安全模式			运行模式	
	操作模式	编辑模式	管理模式	示教模式	再现模式
指令编辑	×	√	√	√	×
程序文件管理	×	√	√	√	×
绝对零点位置	×	×	√	√	×
工具坐标系	×	√	√	√	×
用户坐标系	×	√	√	√	×
变位机坐标	×	√	√	√	×
基座轴方向	×	×	√	√	×
语言设置	√	√	√	√	×
系统时间	√	√	√	√	×
口令设置	×	√	√	√	×
模式切换	√	√	√	√	×
系统速度	×	×	√	√	√
应用配置	×	×	√	√	×
网关调试	×	√	√	√	×
网络设置	×	√	√	√	×
程序选择	√	√	√	√	×
程序管理	×	√	√	√	×
关节参数	×	×	√	√	×
轴参数	×	×	×	√	×
运动参数	×	×	√	√	×
伺服参数	×	×	×	√	×

续表

机器人操作内容	安全模式			运行模式	
	操作模式	编辑模式	管理模式	示教模式	再现模式
连杆参数	×	×	×	✓	×
系统备份	×	×	✓	✓	×
应用	×	✓	✓	✓	×
RSR 启动	×	✓	✓	✓	×
PNS 启动	×	✓	✓	✓	×
输入连接	×	✓	✓	✓	×
输出连接	×	✓	✓	✓	×
再现运行方式	×	×	✓	✓	×
软极限	×	✓	✓	✓	×
干涉区	×	✓	✓	✓	×
作业原点	×	✓	✓	✓	×
示教检查（前进/后退）	✓	✓	✓	✓	×
梯形图	✓	✓	✓	✓	×
PMC 参数	×	×	×	✓	×
PMC 状态	✓	✓	✓	✓	✓

注：RSR（robot service request，机器人服务请求方式）；PNS（program number select，机器人程序编号选择启动方式）；PMC（programmable machine controller，内置于控制系统用来执行系统顺序控制操作的可编程机器控制器）。

（4）单段/连续示教模式

单段/连续示教模式图标显示当前程序的执行方式。单段/连续示教模式仅在示教模式下有效，用户可通过使能开关和[前进]/[后退]键检查。单段/连续示教模式的注解如表 A3-5 所示。

表 A3-5　单段/连续示教模式的注解

单段/连续示教模式图标	意义	释义
	单步运行	程序每执行完一行后暂停，再次按下执行下一行
	连续运行	程序连续运行直到程序结束

（5）系统运行状态

系统运行状态图标显示系统当前程序的执行状态，如表 A3-6 所示。

表 A3-6　程序执行状态

状态图标	意义	释义
	停止中	系统处于停止状态或程序执行结束，机器人处于待机状态
	暂停中	系统处于暂停状态或程序暂停执行，机器人暂停动作
	急停中	系统处于急停状态，程序停止运行，机器人无动作，使能断开
	运行中	系统处于运行状态，程序正在运行，机器人处于自动运行状态

2. 位置显示区

位置显示区分为"位姿值"和"关节实际位置"两个部分，它们实时显示机器人的位置姿态坐标和各个轴的关节值，如图 A3-3 所示。

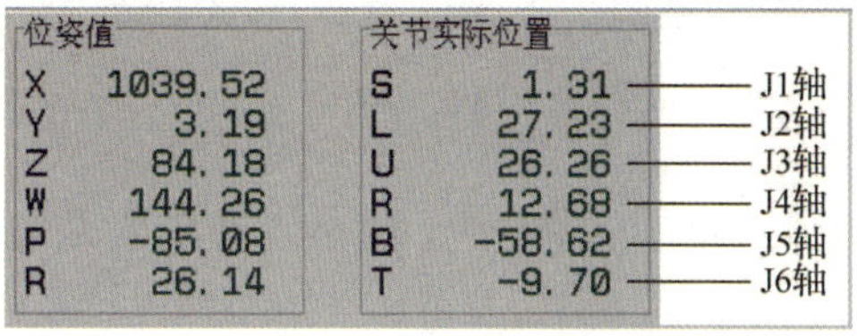

图 A3-3　位姿显示

说明：

1）关节实际位置显示各个关节的角度值，对应的轴关系如图 A3-3 所示。

2）当动作坐标系为用户坐标系时，位姿值以当前用户坐标系为参考，显示末端工具的位置；其他坐标系以基坐标系为参考，显示末端工具的位置。

3）位姿值可分为位置值和姿态值，位置值指的是 X/Y/Z 坐标值，姿态值指的是 W/P/R 坐标值。

4）保持姿态值不变，移动 X/Y/Z 坐标，即末端工具点将沿 X/Y/Z 方向平移。

5）保持位置值不变，移动 W/P/R 坐标，即末端工具点位置保持不变，工具点绕着坐标 Z/Y/X 轴旋转。

3. 文件列表区

文件列表区显示系统创建的所有程序文件，如图 A3-4 所示。显示信息包括序号、文件名、文件大小和文件创建日期，可以方便用户快速选择和加载程序。通过[程序管理]菜单可以查看有关程序的具体信息。

图 A3-4　文件列表区

4. 系统信息显示区

系统信息显示区显示各种提示信息和报警信息等，如图 A3-5 所示。

图 A3-5　系统信息显示区

能力训练：认识 GR-C 控制系统主页面的功能

1. 操作条件

1）广州数控工业机器人操作与运维实训平台。

2）《工业机器人 GR-C 控制系统　操作说明书》（2022 年 2 月第 7 版）。

2. 安全注意事项

1）禁止在工业机器人周围做出危险行为，接触工业机器人或周围机械有可能造成人身伤害。

2）在工厂内，为了确保安全，必须注意"严禁烟火""高电压"危险"等危险标志。当电气设备起火时，应使用二氧化碳灭火器灭火，切勿使用水或泡沫灭火器。

3）为防止发生危险，操作人员在操作工业机器人时必须穿戴好工作服、安全鞋、安全帽等安全用具。

4）安装工业机器人的区域除操作人员外，其他人不得靠近。

5）接触工业机器人控制柜、操作盘、工件及其他夹具等，有可能造成人身伤害。

6）禁止强制启动工业机器人、悬吊于工业机器人下、攀爬工业机器人，以免造成人身伤害或设备损坏。

7）禁止靠在工业机器人或其他控制柜上，不要随意按动开关或按钮，以免造成人身伤害或设备损坏。

8）当工业机器人处于通电状态时，禁止未经过专门培训的人员接触工业机器人控制柜和示教盒，否则错误操作会导致人身伤害或设备损坏。

3. 操作过程

认识主页面功能的操作过程如表 A3-7 所示。

表 A3-7　认识主页面功能的操作过程

序号	步骤	操作方法	质量标准
1	切换不同坐标系	查看当前操作坐标系，通过[坐标设定]键可循环切换关节坐标系、直角坐标系、工具坐标系、用户坐标系	正确切换坐标系
2	调整机器人速度	1）进入[主页面]→[系统设置]→[系统速度]界面； 2）通过按示教盒上的[手动速度]键可手动增、减速度等级，可调整至微动、低速、中速、高速和超高速 5 个速度等级	正确调节机器人工作速度处于适中状态
3	运行机器人程序	1）打开指定程序； 2）按快捷键 F2； 3）按住使能开关和[前进]/[后退]键	机器人正常运行
4	调整单步/连续运行方式	1）打开指定程序； 2）按快捷键 F3； 3）切换到示教模式； 4）按使能开关，再按[单步]/[连续]键	正确调节进行方式
5	设备整理和清洁	整理设备、清洁工位，并填写设备使用记录	按规定清理好自己的工位

问题情境：

开机并按使能开关后，机器人不能正常上电，在人机对话区发现多条报警信息，应如何处理？

此时按[清除]键可清除报警信息，再按使能开关可使机器人恢复正常的上电状态。

4. 学习结果评价

学习结果评价如表 A3-8 所示。

表 A3-8　学习结果评价

序号	评价内容	评价标准	评价结果（是/否）
1	切换不同坐标系	正确切换坐标系	
2	调整机器人速度	正确调节机器人工作速度处于适中状态	
3	运行机器人程序	机器人正常运行	
4	调整单步/连续运行方式	正确调节运行方式	
5	设备整理和清洁	按规定清理好自己的工位	

课后作业

1. 通过按_____键，可在快捷菜单区、主菜单区和文件列表区循环切换光标。在各区域内，可使用_____键或_____键移动光标，并通过_____键进入相应的操作页面。

2. 通过_____键可快速进入快捷菜单区的相应页面：_____、_____、_____、_____和_____。

3. 通过_____键可循环切换关节坐标系、直角（基）坐标系、工具坐标系、用户坐标系，通过_____键可切换外部轴坐标系。

4. 通过按示教盒上的_____键可手动增、减速度等级。

5. 安全模式定义了不同用户对机器人的_____、_____和_____的权限。

6. 单段/连续示教模式仅在示教模式下有效，用户可通过_____和_____/_____键检查程序。

职业能力 A3-2　正确认识 GR-C 控制系统主菜单的功能

【核心概念】

- 梯形图：在常用的继电器与接触器逻辑控制基础上简化而来的编程语言，是 PLC（programmable logic controller，可编程逻辑控制器）使用最多的图形编程语言。

【学习目标】

- 能够认识主菜单区的 10 个菜单及其功能。
- 能够掌握[程序管理]菜单的内容及使用方法。
- 能够掌握[输入输出]菜单的内容及使用方法。
- 培养专注执着、勇于探索的工匠精神。

基本知识：主菜单的功能

主菜单区共有 10 个菜单，如图 A3-6 所示，用户可根据其权限进入相应的页面，进行系统数据的查询、监控、修改和设置。

图 A3-6　主菜单

主菜单区中的 10 个菜单及其子菜单组成与功能，如表 A3-9 所示。

表 A3-9　菜单及其子菜单组成与功能

菜单	子菜单组成与功能
系统设置	由 18 个子菜单组成，主要提供机器人控制系统应用的基本设置
程序管理	由 5 个子菜单组成，主要提供对程序文件的操作、查询等
参数设置	由 9 个子菜单组成，主要记录机器人各系统、部件数据
应用	由 17 个子菜单组成，主要涉及与外部连接的相关设置
变量	由 7 个子菜单组成，即 7 种变量类型，主要提供对变量值的查询、修改。程序所用到的变量都记录于此，并支持失电保存
系统信息	由 7 个子菜单组成，主要提供对系统监控数据的查询、校对
输入输出	由 8 个子菜单组成，提供对系统信号的监控、修改和设置，包括程序信号、功能信号、PLC 信号
梯图	由 8 个子菜单组成，只在系统开启 PLC 功能的模式下才有效。该菜单提供 PLC 功能的寄存器信息、控制梯图和文件信息等
机器设置	由 8 个子菜单组成，主要提供系统安全方面功能的应用设置
在线帮助	由 3 个子菜单组成，提供指令使用说明、简要的操作说明和程序运行信息

1. [系统设置]菜单

[系统设置]菜单的子菜单与说明如表 A3-10 所示。

表 A3-10　[系统设置]菜单的子菜单与说明

序号	子菜单名称	说明
1	绝对零点	绝对零点记录机器人各轴零点位置的电机值
2	模式切换	显示当前系统选取的安全模式
3	工具坐标	设置机器人工具执行尖点数据
4	用户坐标	设置机器人用户坐标系，用于描述工件位置等
5	变位机坐标	设置和查看变位机的坐标系
6	基座轴方向	将外部轴配置成基座轴时设置基座轴的方向
7	系统时间	设置系统显示的日期时间
8	口令设置	修改设置编辑模式或管理模式的密码
9	系统速度	设置系统速度挡位 I、L、M、H、S 的百分比和系统上电时的默认速度等级
10	应用配置	配置机器人系统当前的应用类型及各种应用功能
11	网关调试	设置连接 GPC 时的 GL 和 GN 端的逻辑 ID
12	网络设置	设置机器人与外部设备的通信配置
13	语言设置	设置系统当前的语言为中文或 English

续表

序号	子菜单名称	说明
14	程序选择	设置系统的程序加载方式及是否开启各种检测
15	零点补偿	预留
16	PLC 模式	设置内置 PLC 系统的开启与关闭
17	坐标系检测	设置坐标系检测方式
18	碰撞检测	开发中的功能，将在后续版本中推出使用

2. [程序管理]菜单

[程序管理]菜单的子菜单与说明如表 A3-11 所示。

表 A3-11   [程序管理]菜单的子菜单与说明

序号	子菜单名称	说明
1	新建程序	创建新的程序文件
2	程序一览	显示系统所有程序文件，可进行程序的复制、删除、重命名、查找
3	外部存储	用于系统与外部设备（U 盘）间的程序文件复制
4	程序信息	查看和设置程序的详细信息
5	文件管理	用于系统与外部设备（U 盘）间的文件复制，厂家使用

3. [参数设置]菜单

[参数设置]菜单的子菜单与说明如表 A3-12 所示。

表 A3-12   [参数设置]菜单的子菜单与说明

序号	子菜单名称	说明
1	关节参数	机器人各个关节的最大速度、最大加速度、停止减速度
2	轴参数	设置各关节轴参数（厂家权限）
3	运动参数	设置机器人运动参数
4	伺服参数	设置机器人伺服参数（厂家权限）
5	连杆参数	设置机器人连杆参数（厂家权限）
6	系统备份	进行系统参数备份与还原
7	从站配置	设置机器人通信参数（厂家配置）
8	笛卡儿参数	设置机器人笛卡儿参数（厂家权限）
9	安川伺服	设置机器人安川伺服参数（厂家权限）

4. [应用]菜单

[应用]菜单的子菜单与说明如表 A3-13 所示。

表 A3-13   [应用]菜单的子菜单与说明

序号	子菜单名称	说明
1	协议设置	设置机器人与外部设备的通信协议类型
2	DeviceNet 设置	配置机器人的 DeviceNet 协议参数
3	Modbus 设置	设置机器人的 Modbus 协议参数

续表

序号	子菜单名称	说明
4	从站连接	设置机器人主站与从站连接参数
5	冲压配置	冲压生产线应用工艺
6	焊接设置	焊机应用相关配置
7	焊机控制	正常与焊机建立通信后的焊机控制
8	引弧条件	焊接工艺参数设置
9	熄弧条件	焊接工艺参数设置
10	摆焊条件	摆焊工艺参数设置
11	数字焊机	配置数字焊机时对应的焊机属性定义和设置
12	模拟焊机	配置模拟焊机时的焊机属性定义和设置
13	寻位设置	使用寻位功能时的参数设置
14	激光跟踪	使用激光跟踪功能时的参数设置
15	电弧跟踪	使用电弧跟踪功能时的参数设置
16	激光标定	配置激光传感器时的标定设置
17	激光寻位	配置激光传感器作寻位使用时的设置

5. [变量]菜单

[变量]菜单的子菜单与说明如表 A3-14 所示。

表 A3-14　[变量]菜单的子菜单与说明

序号	子菜单名称	说明
1	字节型（B）	命名范围 0～99，变量范围 0～255
2	整数型（I）	命名范围 0～99，变量范围 -32768～+32767
3	双精度型（D）	命名范围 0～99，变量范围 -2147483648～+2147483647
4	实数型（R）	命名范围 0～99，变量范围 -1.79×10^{308}～$+1.79 \times 10^{308}$
5	位置型（PX）	命名范围 0～99，可查看修改 X、Y、Z、W、P、R 值
6	视觉变量（VR）	命名范围 0～9，可查看视觉数据
7	SCAPE 变量	TASKS[0-19]，可查看数据

6. [系统信息]菜单

[系统信息]菜单的子菜单与说明如表 A3-15 所示。

表 A3-15　[系统信息]菜单的子菜单与说明

序号	子菜单名称	说明
1	报警信息	查看系统报警信息
2	版本信息	查看系统当前的版本信息
3	按键诊断	诊断示教盒各个按键是否正常
4	伺服监控	实时监控电动机编码器的单圈和多圈位置
5	累计运行时间	查看系统的累计通电时间和累计运行时间
6	限时停机	系统使用期限
7	一体化伺服	配置 GL Series Drive 系列 R2、R4、R6 一体伺服驱动单元时，驱动运行数据显示

7. [输入输出]菜单

[输入输出]菜单的子菜单与说明如表 A3-16 所示。

表 A3-16　[输入输出]菜单的子菜单与说明

序号	子菜单名称	说明
1	系统信号	监控、查询系统F、G、X（IN）、Y（OUT）的信号状态，仿真X（IN）、Y（OUT）的信号状态及信号说明（注释）
2	RSR 启动	设置 RSR 功能配置
3	PNS 启动	设置 PNS 功能配置
4	工位预约	设置工位预约功能配置
5	输入连接	非 PLC 模式下，I/O 单元 IN 信号与系统输入 G 信号的映射关系
6	输出连接	非 PLC 模式下，系统输出 F 信号与 I/O 单元 OUT 信号的映射关系
7	抓手配置	设置手抓信号联动联检控制功能
8	快捷按键	设置[转换]+[数字]组合键的功能

8. [梯图]菜单

[梯图]菜单的子菜单与说明如表 A3-17 所示。

表 A3-17　[梯图]菜单的子菜单与说明

序号	子菜单名称	说明
1	梯形图	查看 PLC 的程控梯形图
2	信号诊断	查看 PLC 各类信号的状态信息
3	参数设置	查看和设置 PLC 各类寄存器的状态信息
4	文件信息	查看和复制 PLC 梯图文件
5	参数备份	进行 PLC 梯图文件参数的备份与还原
6	PMC 轴参数	修改 PMC 轴参数
7	PMC 状态	监控 PMC 轴的运行方式、参数设置和运行状态
8	PMC 设置	设置 PMC 轴的控制方式

9. [机器设置]菜单

[机器设置]菜单的子菜单与说明如表 A3-18 所示。

表 A3-18　[机器设置]菜单的子菜单与说明

序号	子菜单名称	说明
1	再现运行方式	设置机器人运行程序的方式类型
2	软极限	设置机器人各轴的软极限角度范围
3	干涉区	设置机器人干涉区是否有效和详细参数
4	作业原点	设置机器人原点参数
5	自动回位	设置机器人自动回位功能的详细参数
6	跟随设置	设置机器人外部轴跟随功能的详细参数
7	称重功能	开发中的功能，将在后续版本推出使用
8	密码模块	开发中的功能，将在后续版本推出使用

10. [在线帮助]菜单

[在线帮助]菜单的子菜单与说明如表 A3-19 所示。

表 A3-19　[在线帮助]菜单的子菜单与说明

序号	子菜单名称	说明
1	指令	可浏览各个指令的简要说明
2	操作	可浏览简单的操作说明
3	加工信息	记录机器人最近一次中断运行时的相关信息

能力训练：认识 GR-C 控制系统主菜单的功能

1. 操作条件

1）广州数控工业机器人操作与运维实训平台。

2）《工业机器人 GR-C 控制系统　操作说明书》（2022 年 2 月第 7 版）。

2. 安全及注意事项

1）在进行系统设置时要注意，系统变量、部件数据、系统信号、程序信号、功能信号、PLC 信号不能随便更改。

2）与外部连接的设备不能带电插拔，也不要用带水的手随意触碰。

3）使用示教盒时要远离机器人本体，不要挨得太近。

3. 操作过程

认识主菜单功能的具体操作过程如表 A3-20 所示。

表 A3-20　认识主菜单功能的具体操作过程

序号	步骤	操作方法	质量标准
1	进入编辑模式	1）进入[主页面]→[系统设置]→[模式切换]界面； 2）选择编辑模式，输入机器人编辑模式密码，进入编辑模式	正确进入编辑模式
2	设置系统时间	1）进入[主页面]→[系统设置]→[系统时间]界面； 2）按[选择]键确认，进入[系统时间]界面，将时间设置成当前时间	操作是否正确，是否符合要求
3	设置系统速度	1）进入[主页面]→[系统设置]→[系统速度]界面； 2）按[选择]键确认，进入[系统速度]界面，将速度设置成 50%	操作是否正确，速度设定是否合理、安全
4	查看报警信息	1）进入[主页面]→[系统信息]→[报警信息]界面； 2）按[选择]键确认，进入[报警信息]界面，找到具体的报警信息	查看报警信息，并找出报警的原因
5	设备整理和清洁	整理设备、清洁工位，并填写设备使用记录	按规定清理好自己的工位

问题情境一：

如何设置工业机器人自动运行速度？

工业机器人的自动运行速度可以在[系统速度]界面进行设置。进入[系统设置]→[系统速度]界面，可以手动将速度设置成 30%、60%、90% 等，实现机器人按程序设定速度的 30%、60%、90% 等运行。

问题情境二：

如何修改工业机器人的时间？

工业机器人的时间可以在[系统时间]界面进行设置。进入[系统设置]→[系统时间]界面，可以手动修改工业机器人的时间，确认后即可按修改后的时间显示。

4. 学习结果评价

学习结果评价如表 A3-21 所示。

表 A3-21　学习结果评价

序号	评价内容	评价标准	评价结果（是/否）
1	进入编辑模式	正确进入编辑模式	
2	设置系统时间	操作是否正确，是否符合要求	
3	设置系统速度	操作是否正确，速度设定是否合理、安全	
4	查看报警信息	查看报警信息，并找出报警的原因	
5	设备整理和清洁	按规定清理好自己的工位	

课后作业

1. [系统设置]菜单主要提供机器人_____系统应用的基本设置。

2. [程序管理]菜单主要提供对_____的操作、查询等。

3. [参数设置]菜单主要记录机器人各_____、_____数据。

4. [应用]菜单主要涉及与_____的相关设置。

5. [变量]菜单主要提供对变量值的_____、_____。程序所用到的变量都记录于此，并支持失电保存。

6. [系统信息]菜单主要提供对_____的查询、校对。

7. [输入输出]菜单提供对系统信号的_____、_____和_____，包括程序信号、功能信号、PLC 信号。

8. [梯图]菜单只在系统开启 PLC 功能的模式下才有效。该菜单提供 PLC 功能的_____、_____和_____等。

9. [机器设置]菜单主要提供系统_____的应用设置。

10. [在线帮助]菜单提供指令_____、简要的_____和_____。

职业能力 A3-3　正确使用按键完成光标移动和各种信息的输入

【核心概念】

- 光标：作为对系统界面的操作指引，完成对界面区域、信息、按键的指示动作。
- 组合按键：将示教盒面板按键组合使用，可达到快速便捷的操作效果。

【学习目标】

- 掌握按键的操作方法。
- 掌握常用组合按键的组合方式和功能。
- 能够正确移动光标输入数值。
- 培养终身学习和可持续发展意识。

基本知识：示教盒按键的使用方法

下面主要讲述按键、光标等方面的基本操作。

1. 按键的操作

按键一般采用点按方式触发，轴移动等操作可采用点按或长按方式触发，使能开关需采用长按方式保持使能有效。

2. 移动光标

光标作为对系统界面的操作指引，完成对界面区域、信息、按键的指示动作。光标移动主要以[TAB]键操作和方向键操作为主。下面对光标操作进行简要说明。

1）[TAB]键为区域切换键，用于在不同的界面分区循环切换光标。例如，用户可以通过[TAB]键在图A3-7所示的快捷菜单区、主菜单区、文件列表区循环切换光标。

2）方向键用于在单个区域内移动光标，将光标移到编辑框、按键、选项等可操作项。在文件列表区，用户可使用上/下方向键来检索程序文件。

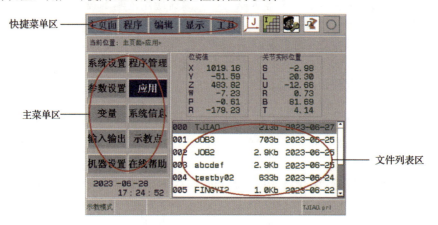

图 A3-7　移动光标界面

3. 数据输入

1）需要输入数据时，可以使用面板上的数字按键或系统软键盘进行输入。

2）数字符号输入如图 A3-8 所示。在某些页面中，需要按[修改]键后，才能修改数值。

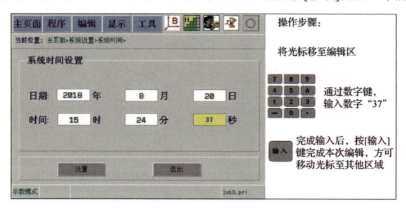

图 A3-8　数字符号输入

4. 按键组合

详细的按键组合及效果如表 A3-22 所示。

表 A3-22　详细的按键组合及效果

序号	按键组合	组合有效界面	功能描述
1	[转换]+[输入]	F3 编辑界面	可针对所有的同类指令的参数进行整体替换输入
2	[转换]+[上/下]方向	列表页面	光标快速移动到程序指令/列表第一行或末行
3	[TAB]+[删除]	变量界面修改模式	光标在变量值上时，可以把该类变量的所有变量值重置为 0；光标在注释上时，可以清除该类变量的所有注释
4	[转换]+[数字键]	任何界面	快捷键设置支持定义为焊机动作（送丝、检气、抽丝）、I/O 输出、手抓控制、碰撞开关等。焊机动作必须在应用有效的前提下才能有效动作

续表

序号	按键组合	组合有效界面	功能描述
5	[使能]+[前进]	坐标系界面	在坐标系设定界面可以使机器人移动到该点
		程序运行界面	示教状态下以当前光标指令开始，顺序运行程序
6	[使能]+[后退]	程序运行界面	示教状态下以当前光标指令开始，倒序运行程序
7	[使能]+[获取示教]	程序编辑界面	获取当前示教点的位置信息
8	[使能]+[选择]	程序编辑界面	当光标在程序编辑界面添加运动指令菜单时，可以添加运动指令
9	[使能]+[轴方向键]	任意界面	示教模式时，可以按照轴方向键使机器人移动
10	[使能]+[数字键 7]+[获取示教]	程序编辑界面	可以在程序编辑界面快速添加一条 MOVJ 指令
11	[使能]+[数字键 4]+[获取示教]	程序编辑界面	可以在程序编辑界面快速添加一条 MOVL 指令
12	[使能]+[数字键 1]+[获取示教]	程序编辑界面	可以在程序编辑界面快速添加一条 MOVC 指令
13	[使能]+[修改]	程序编辑界面	在程序编辑界面修改模式，可以修改运动指令的插补类型 MOVJ/ MOVJD/MOVL/MOVC
14	[转换]+[左/右]方向	F2 程序界面 F3 编辑界面	打开/关闭指令注释显示

5. 功能界面说明

工业机器人 GR-C 控制系统的功能界面主要包括导航区、数值信息区和操作区 3 个区域，如图 A3-9 所示。

图 A3-9　[系统时间]子菜单界面

具体说明如下。

1）导航区：用于显示当前界面的菜单路径。

2）数值信息区：主要显示参数设置、信息输入、功能选项等内容。

3）操作区：一般包含各种功能按钮。例如，[设置]键，用于保存当前页面的设置数据；[退出]键，用于不保存设置数据而直接退出页面。

6. 新建机器人程序

新建机器人程序的步骤如下。

1）进入[程序管理]界面。在[主页面]内，将光标移到[程序管理]菜单，如图 A3-10 所示。

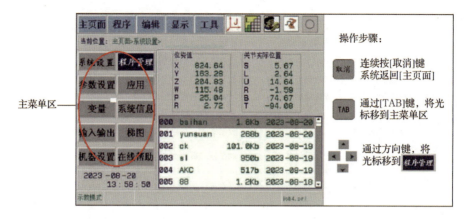

图 A3-10　主页面

2）进入子菜单。通过按[选择]键，打开[程序管理]子菜单，子菜单界面如图 A3-11 所示。

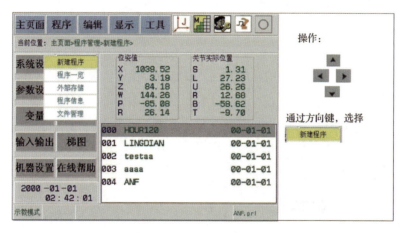

图 A3-11　子菜单界面

3）进入[新建程序]界面。移动光标选择[新建程序]选项后，按[选择]键进入[新建程序]界面，如图 A3-12 所示。

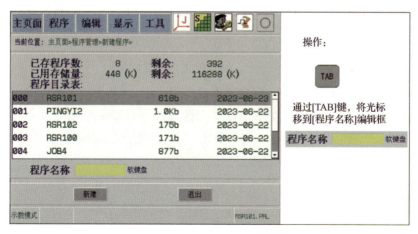

图 A3-12　[新建程序]界面

4）完成新建程序操作。输入程序名称，按[TAB]键，将光标移到操作区[新建]按钮处，新建页面。按[选择]键，新建程序完成。系统将自动打开新建程序，并进入程序[编辑]页面，完成新建程序。[编辑]页面如图 A3-13 所示。

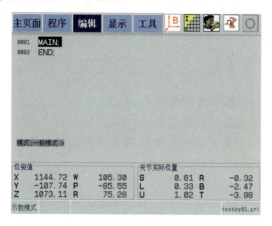

图 A3-13　[编辑]页面

能力训练：使用按键完成光标移动和各种信息的输入

1. 操作条件

1）广州数控工业机器人操作与运维实训平台。
2）《工业机器人 GR-C 控制系统　操作说明书》（2022 年 2 月第 7 版）。

2. 安全及注意事项

1）在进行机器人的安装、维修和保养时，切记要将总电源关闭。带电作业可能会导致致命性后果。如果不慎遭高压电击，可能会导致心跳停止、烧伤或其他严重伤害。

2）在调试与运行时，机器人可能会执行一些意外的或不规范的动作，因此应与机器人保持足够的安全距离。

3）机器人运行时，其工作区域内不能有工作人员。

4）操作时应小心，避免摔打、抛掷或重击示教盒，以免导致其破碎或故障。在不使用该设备时，将其放置在专门的支架上，以防掉落到地上。

5）在示教盒的使用和存放过程中应避免踩踏电缆。

6）定期用软布蘸少量水或中性清洁剂清洁屏幕。

3. 操作过程

使用按键完成光标移动和各种信息输入的具体操作过程如表 A3-23 所示。

表 A3-23　使用按键完成光标移动和各种信息输入的具体操作过程

序号	步骤	操作过程	质量标准
1	进入[程序管理]界面	在[主页面]内，将光标移到[程序管理]菜单	正确切换到[程序管理]界面
2	进入子菜单	通过按[选择]键，打开[程序管理]子菜单	正确进入子菜单
3	进入[新建程序]界面	移动光标选择[新建程序]选项后，按[选择]键进入[新建程序]界面	正确进入[新建程序]界面

续表

序号	步骤	操作过程	质量标准
4	完成新建程序操作	输入程序名称，按[TAB]键，将光标移到操作区[新建]按钮处，新建页面。按[选择]键，新建程序完成。系统将自动打开新建程序，并进入程序[编辑]页面	正确完成新建程序操作
5	设备整理和清洁	按照规定程序整理设备，并对设备进行清洁，完成后正确填写设备使用记录	按规定清理好自己的工位

问题情境：

工业机器人常用的按键组合有哪些？

工业机器人常用的按键组合包括：[转换]+[翻页]、使能开关+[前进]、使能开关+[后退]、使能开关+[获取示教点]、使能开关+[选择]、使能开关+[获取示教点]+[输入]。

4. 学习结果评价

学习结果评价如表 A3-24 所示。

表 A3-24　学习结果评价

序号	评价内容	评价标准	评价结果（是/否）
1	进入[程序管理]界面	正确切换到[程序管理]界面	
2	进入子菜单	正确进入子菜单	
3	进入[新建程序]界面	正确进入[新建程序]界面	
4	完成新建程序操作	正确完成新建程序操作	
5	设备整理和清洁	按规定清理好自己的工位	

课后作业

1. 写出[转换]键加其他按键的作用。

1）[转换]+[输入]：＿＿＿＿＿＿＿＿＿＿＿＿＿＿＿＿＿＿＿＿＿＿。

2）[转换]+[翻页]：＿＿＿＿＿＿＿＿＿＿＿＿＿＿＿＿＿＿＿＿＿＿。

3）[转换]+上/下方向键：＿＿＿＿＿＿＿＿＿＿＿＿＿＿＿＿＿＿＿。

4）[转换]+[删除]：＿＿＿＿＿＿＿＿＿＿＿＿＿＿＿＿＿＿＿＿＿＿。

5）[转换]+数字键 1、2、3：＿＿＿＿＿＿＿＿＿＿＿＿＿＿＿＿＿。

2. 写出使能开关加其他按键的作用。

1）使能开关+[前进]：＿＿＿＿＿＿＿＿＿＿＿＿＿＿＿＿＿＿＿＿。

2）使能开关+[后退]：＿＿＿＿＿＿＿＿＿＿＿＿＿＿＿＿＿＿＿＿。

3）使能开关+[获取示教点]：＿＿＿＿＿＿＿＿＿＿＿＿＿＿＿＿＿。

4）使能开关+[选择]：＿＿＿＿＿＿＿＿＿＿＿＿＿＿＿＿＿＿＿＿。

5）使能开关+轴操作键：＿＿＿＿＿＿＿＿＿＿＿＿＿＿＿＿＿＿＿。

6）使能开关+[获取示教点]+[输入]：＿＿＿＿＿＿＿＿＿＿＿＿＿＿。

7）使能开关+[修改]：＿＿＿＿＿＿＿＿＿＿＿＿＿＿＿＿＿＿＿＿。

3. 写出[TAB]键的作用。

工作领域

工业机器人参数设置

　　工业机器人已经广泛应用于汽车及零部件制造、电子、机械加工、模具生产等行业，实现了生产过程的自动化。它们参与焊接、装配、搬运、打磨、抛光、注塑等生产制造工序。工业机器人系统具有高度复杂性，为保障工业机器人精确地完成多种复杂工作，需要准确标定工业机器人的零点位置，合理设置工业机器人的系统和参数。

　　工业机器人通常由多个关节组成，各关节的运动是相互独立的。为了精确控制末端点的运动轨迹，需要多个关节协调运动。工业机器人的位置和姿态可使用关节坐标系、基坐标系、工具坐标系、用户坐标系等进行描述。用户可以根据实际需要选择合适的坐标系，并进行适当的坐标变换。

工作任务 B1 机器人系统基本设置

职业能力 B1-1 正确标定机器人的零点位置

【核心概念】

- 零点标定：使机器人各轴的轴角度与连接在各轴电动机上的绝对值脉冲编码器的脉冲计数值对应起来的操作。

【学习目标】

- 能正确找出机器人的零点位置。
- 熟练掌握机器人的零点标定方法。
- 培养精益求精的工匠精神。

基本知识：零点标定

1. 零点位置

机器人的零点位置指的是机器人在运动控制系统中的起始位置或参考位置。这个位置对应于机器结构的特定点，通常是机器人臂或末端执行机器的初始位置。

机器人的零点标定是需要将机器人的机械信息和位置信息同步，来定义机器人的物理位置，从而使机器人能够准确地按照原定位置移动。通常在机器人出厂前已经进行了零点标定。

2. 零点位置设置

零点位置设置是将机器人的机械原点位置与系统的电动机编码器的绝对值进行对照的操作。一般情况下，用户无须修改零点数据。

需要设置零点位置的情况如下。

1）更换控制器或伺服驱动器后，导致零点位置异常。

2）更换电动机或编码器后，需要重新设置零点位置。

3）机器人发生碰撞或编码器电池电量耗尽等情况，可能导致机器人零点位置异常。

视频：标定机器人绝对零点位置

3. 更改零点位置参数注意事项

1）修改零点位置参数必须由专业人员操作。因为零点位置参数对机器人的运动特性有直接影响，因此修改后必须进行运行确认。

2）零点位置参数设置不正确，会导致机器人运行异常。

能力训练：标定机器人的零点位置

1. 操作条件

1）广州数控工业机器人操作与运维实训平台。

2）《工业机器人 GR-C 控制系统　操作说明书》（2022 年 2 月第 7 版）。

2. 安全及注意事项

1）在调试与运行时，机器人可能会执行一些意外的或不规范的动作，因此应与机器人保持足够的安全距离。

2）在示教盒的使用和存放过程中，应避免踩踏电缆。

3）在手动减速模式下，机器人只能进行减速操作。只要操作人员在安全保护空间之内工作，就应始终以手动速度进行操作。

3. 操作过程

机器人零点标定的具体操作过程如表 B1-1 所示。

表 B1-1　机器人零点标定的具体操作过程

序号	步骤	具体操作过程	质量标准
1	找到 J1～J6 轴零点位置	机器人回到安全位姿后，看机器人原点对应销是否重合	必须严格按操作方法执行
2	操作机器人各轴到达机械零点	使用"关节坐标系"分别使 J6～J1 轴按顺序到达机械零点，使机器人姿态如下图所示 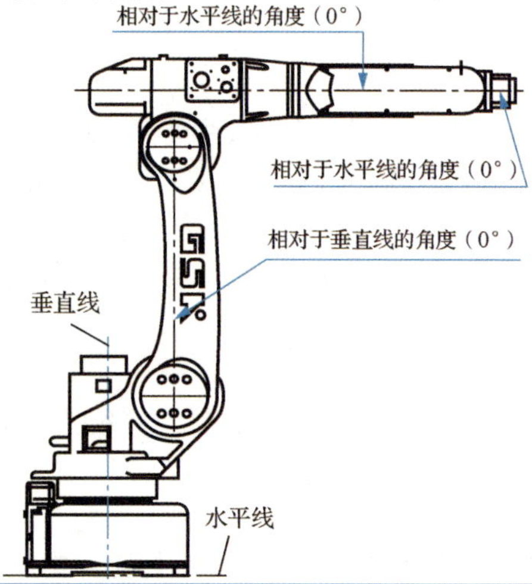 	机器人各轴准确到达零点位置
3	进行零点标定	1）进入[绝对零点]界面，在[是否修改]列选取需修改零点的轴或按[全选]键全部修改； 2）按[读取]键读取电动机的当前位置； 3）按[设置]键，重新设置机器人零点位置 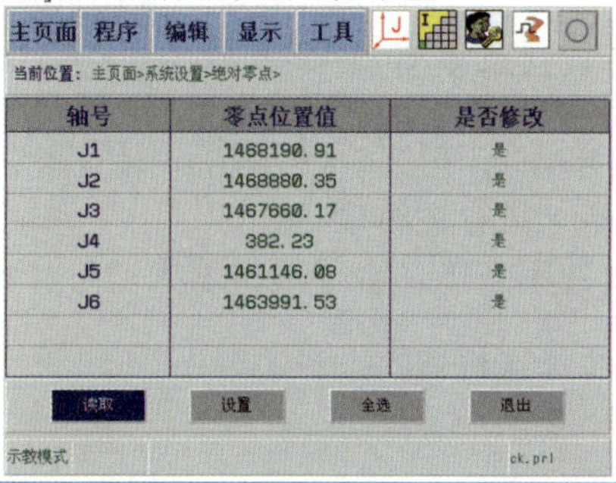 	准确标定机器人零点位置
4	设备整理和清洁	按照规定程序整理设备，并对设备进行清洁，完成后正确填写设备使用记录	按规定清理好自己的工位

4. 学习结果评价

学习结果评价如表 B1-2 所示。

表 B1-2　学习结果评价

序号	评价内容	评价标准	评价结果（是/否）
1	找到 J1～J6 轴零点位置	必须严格按操作方法执行	
2	操作机器人各轴到达机械零点	机器人各轴准确到达零点位置	
3	进行零点标定	准确标定机器人零点位置	
4	设备整理和清洁	按规定清理好自己的工位	

问题情境：

零点出现偏差会对机器人的运行造成什么影响？

零点出现偏差会使机器人无法精准定位，进而造成当前坐标系和示教点坐标系之间的偏差，影响机器人运动的准确性和稳定性。这种情况会导致机器人的运动轨迹错误，甚至无法达到预设位置。轻微的偏差可触发警报，严重的偏差可能直接损坏机器人的零部件和构造，甚至导致设备报废。

课后作业

1. 简述零点标定的操作方法。
2. 机器人零点标定的作用是什么？
3. 什么情况下需要重新标定机器人零点？

职业能力　B1-2　熟练使用机器人坐标系检测功能

【核心概念】

- 坐标号：为机器人可以存在多种坐标系运动而设置不同的坐标号来切换不同的坐标系。

【学习目标】

- 掌握使用不同坐标系操作机器人进行作业的方法。
- 能正确编写不同的坐标系程序。
- 培养专注、细致、严谨、负责的工作态度。

基本知识：工业机器人坐标系检测功能

工业机器人 GR-C 控制系统允许在程序中调用不同的用户和工具坐标系号，以实现在多工具、多作业工位的复杂工况下的机器人程序编程，提高编程效率和灵活性。

通过坐标系检测功能选项，可以根据用户设置要求处理当前坐标系与示教点坐标系不一致的情况。3 种选项的功能特点如表 B1-3 所示。

表 B1-3 3 种选项的功能特点

选项	说明
禁止在坐标号不同的两点间前进/后退	当前坐标号与指令记录坐标号不同时，不允许指令执行并报警
允许在坐标号不同的两点间前进/后退	当前坐标号与指令记录坐标号不同时，允许指令执行，指令位置依据当前坐标号计算
允许在坐标号不同的两点间前进/后退，且改变为最后示教点的坐标号	当前坐标号与指令记录坐标号不同时，允许指令执行，并将当前坐标号自动切换为正在执行的指令记录坐标号，运行位置与实际示教点相同

1. 禁止在坐标号不同的两点间前进/后退

当机器人设置的当前坐标系与示教点坐标系不一致时，系统报警，程序停止。

```
********************************************
UTOOL NUM1;        //当前工具坐标系为 UT1
UFRAME NUM1;       //当前用户坐标系为 UF1
MOVL P1 V1000;     //P1 点示教记录为 UT0
MOVL P2 V1000;     //P2 点示教记录为 UF0
********************************************
```

当程序运行到第 3 行时，系统报警，程序停止。

2. 允许在坐标号不同的两点间前进/后退

在本选项设置下，当机器人运行以下程序时，实际运动轨迹如图 B1-1 所示，机器人以用户坐标 1 为参照，运行到 P3 和 P4 点位置。

```
********************************************
MOVL P1 1000 Z0;      //P1 点示教记录为 UF1
MOVL P2 V1000 Z0;     //P2 点示教记录为 UF1
MOVL P3 V1000 Z0;     //P3 点示教记录为 UF2
MOVL P4 V1000 Z0;     //P4 点示教记录为 UF2
********************************************
```

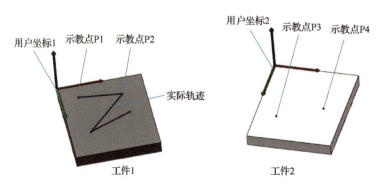

图 B1-1 机器人运动轨迹 1

3. 允许在坐标号不同的两点间前进/后退，且改变为最后示教点的坐标号

在本选项设置下，机器人运行以下程序时，系统根据示教点记录的用户和工具坐标系号进行自动切换，实际的运动轨迹如图 B1-2 所示。

```
*****************************************************
MOVL P1 1000 Z0;        //P1 点示教记录为 UF1
MOVL P2 V1000 Z0;       //P2 点示教记录为 UF1
MOVL P3 V1000 Z0;       //P3 点示教记录为 UF2
MOVL P4 V1000 Z0;       //P4 点示教记录为 UF2
*****************************************************
```

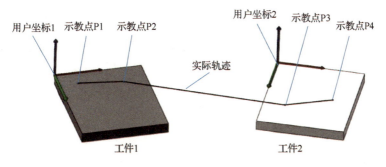

图 B1-2　机器人运动轨迹 2

能力训练：使用机器人坐标系检测功能

1. 操作条件

1）广州数控工业机器人操作与运维实训平台。

2）《工业机器人 GR-C 控制系统　操作说明书》（2022 年 2 月第 7 版）。

2. 安全及注意事项

1）在调试与运行时，机器人可能会执行一些意外的或不规范的动作，因此应与机器人保持足够的安全距离。

2）在示教盒的使用和存放过程中，应避免踩踏电缆。

3）在手动减速模式下，机器人只能进行减速操作。只要操作人员在安全保护空间之内工作，就应始终以手动速度进行操作。

3. 操作过程

使用工业机器人坐标系检测功能的具体操作过程如表 B1-4 所示。

表 B1-4　使用工业机器人坐标系检测功能的具体操作过程

序号	步骤	操作方法及说明	质量标准
1	坐标系检测设置	进入[坐标系检测]界面，选中[允许在坐标号不同的两点间前进/后退]单选按钮	操作要求规范、正确

续表

序号	步骤	操作方法及说明	质量标准
2	编写程序	编写程序： MOVL P1 1000 Z0;　　//P1 点示教记录为 UT1 MOVL P2 V1000 Z0;　　//P2 点示教记录为 UT2 END;	UT1 和 UT2 预先设定不同工具坐标系且间隔不可过大，P1、P2 点工具坐标系选择正确
3	记录机器人的运行轨迹	运行机器人程序，记录机器人的运行轨迹	机器人正确运行，末端执行器姿态正常
4	坐标系检测设置	进入[坐标系检测]界面，选中[允许在坐标号不同的两点间前进/后退，且改变为最后示教点的坐标系号]单选按钮	操作要求规范、正确
5	记录机器人的运行轨迹	运行机器人程序，记录机器人的运行轨迹，比较与步骤 3 轨迹的差异	机器人正确运行，末端执行器姿态正常
6	清理工位	清理设备与工位，并填写工位清理记录表	按规定清理好自己的工位

4. 学习结果评价

学习结果评价如表 B1-5 所示。

表 B1-5　学习结果评价

序号	评价内容	评价标准	评价结果（是/否）
1	坐标系检测设置	操作要求规范、正确	
2	编写程序	UT1 和 UT2 预先设定不同工具坐标系且间隔不可过大，P1、P2 点工具坐标系选择正确	
3	记录机器人的运行轨迹	机器人正确运行，末端执行器姿态正常	
4	坐标系检测设置	操作要求规范、正确	
5	记录机器人的运行轨迹	机器人正确运行，末端执行器姿态正常	
6	清理工位	按规定清理好自己的工位	

问题情境：

在机器人运行过程中提示逆解错误是什么原因？

在编写程序过程中，如果使用了多个用户坐标系或工具坐标系，并且在程序编写完成后没有切换到合适的坐标系，那么在运行机器人程序时就会造成机器人末端执行器发生异常偏斜，致使机器人停止运行并发出报警，提示逆解错误。

课后作业

1. 举例说明每种坐标系的使用情境。

2. 如何编写存在不同坐标系和工具坐标号的程序？

B1-3　合理设置机器人参数

【核心概念】

- 软极限：软件中设定的各轴运动范围限值。
- 干涉区：防止几个机器人之间、机器人与周边设备之间干涉而设置的区域。

【学习目标】

- 能正确查看机器人关节参数、运动参数。
- 能正确设置机器人再现运行方式。
- 能正确设置机器人软极限。
- 树立效率意识、质量意识，精益求精，讲求实效。

基本知识：机器人参数

1. 关节参数

关节参数设置界面如图 B1-3 所示。

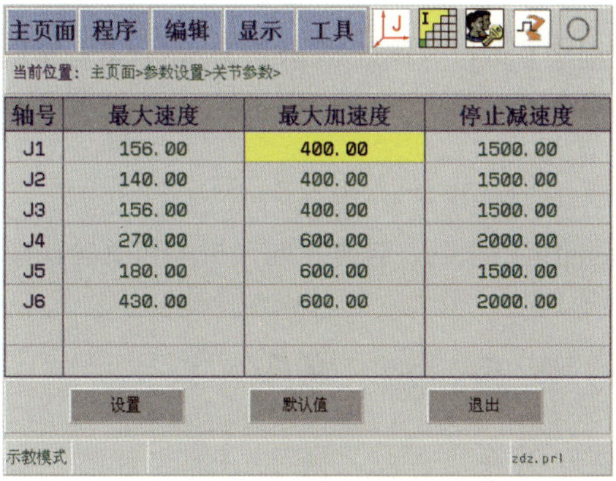

视频：参数设置

图 B1-3　关节参数设置界面

最大速度：指关节的最大角速度［单位为（°）/s］，依据电动机参数及机械特性进行配置。

最大加速度：设置机器人关节的最大加速度（单位为 mm/s^2）。

停止减速度：设置机器人关节的停止减速度（单位为 mm/s^2）。

机器人关节参数设置、修改注意事项如下。

1）修改关节参数必须由专业人员操作，参数对机器人的运动特性有直接影响，修改后必须试运行确认。

2）关节参数设置不正确，可能会导致机器人运动异常。

2. 运动参数

运动参数设置界面如图 B1-4 所示（需专业人员操作）。

3．再现运行方式

再现运行方式设置界面如图 B1-5 所示。

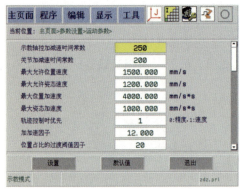
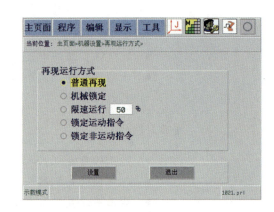

　　图 B1-4　运动参数设置界面　　　　　　　图 B1-5　再现运行方式设置界面

1）普通再现：按照程序内容正常运行。

2）机械锁定：机器人保持不动，系统（程序）正常运行。

3）限速运行：运行速度按设置比例进行限制。

4）锁定运动指令：系统（程序）运行时跳过运动指令，只运行非运动指令，如变量计算、I/O 处理等。

5）锁定非运动指令：系统（程序）运行时跳过非运动指令，只运行运动指令，如运动指令 MOVJD/MOVL/MOVJ/MOVC 等。

4．软极限

软极限指系统对各轴关节运动的范围限制，包含正向软极限和负向软极限。

软极限设置界面如图 B1-6 所示。

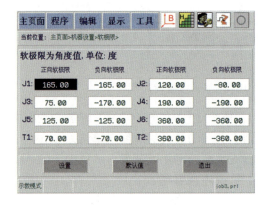

图 B1-6　软极限设置界面

机器人的运动范围及限位设置关系如图 B1-7 所示。

图 B1-7　机器人的运动范围及限位设置关系

5. 干涉区

当多台机器人进行协同作业时，可通过设置一个空间区域，使机器人相互之间不同时进入该区域，从而避免相互干扰或碰撞的情况发生，这个区域就是干涉区。干涉区设置界面如图 B1-8 所示，最多可设置 6 个干涉区。干涉区是基于基坐标系或用户坐标系创建的空间区域，详细设置界面如图 B1-9 所示。

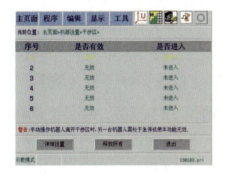

图 B1-8　干涉区设置界面

图 B1-9　干涉区详细设置界面

（1）干涉区设置界面中的参数说明

1）释放所有：将所有干涉区置为无效。

2）参考坐标系：可选基坐标和用户坐标。

3）用户坐标：当"参考坐标系"选择"用户坐标"时有效，可指定干涉区参考的用户坐标号。

4）输入/输出信号：指多台机器人协同作业时所触发的 I/O 信号。

5）优先级：当两台机器人同时进入干涉区时，优先级高的机器人允许继续动作，而优先级低的机器人则转换成暂停状态进行等待。

6）最大/最小值：指长方体关于中心对称的两个顶点，可指定长方体空间的边长和大小。它可通过示教获取或直接输入。最大/最小值如图 B1-10 所示。

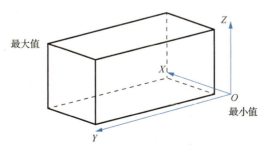

图 B1-10　最大/最小值

（2）功能运用

1）干涉区空间是根据坐标系方向，依据最大值和最小值所构建的长方体。创建时先确认参考坐标系，再通过最大值和最小值的位置确定空间。

2）某机器人运行程序即将进入干涉区时，当检测到其他机器人正在干涉区内（输入信号有效）时，将在干涉区边界位置暂停等待。直到其他机器人退出区域后（输入信号断开），检测到相关确认信号输入，机器人将继续执行当前的作业程序。

（3）干涉区的设置、修改注意事项

1）操作者在设置、修改干涉区参数之前应充分理解功能的使用。

2）当一台机器人离开干涉区后，另一台在等待中的机器人会按程序自动运行进入区域，操作者应注意机器人的运动轨迹。

6. 作业原点

系统最多可设置 3 个作业原点，通过外部信号可使机器人以关节或直线插补的方式快速运行到特定的安全位置点。一般在远程控制或工位预约下运用。

作业原点如图 B1-11 所示。

原点位置如图 B1-12 所示。

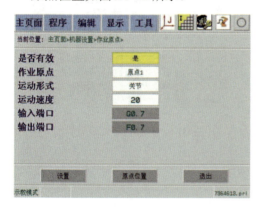

图 B1-11　作业原点　　　　　　　　　　图 B1-12　原点位置

作业原点设置注意事项如下。

1）作业原点位置的设置应合理，以防机器人在运行过程中发生碰撞。

2）启动回作业原点时，应做好紧急停止的准备。

7. 自动回位

自动返回功能在工业机器人中是一种重要的操作特性，它通过事先设定的返回点和轨迹，使机器人在特定信号触发后能够自动运行到预定的位置。本功能的主要特点是可通过设定多个返回点，形成一条特定的路径。在复杂工况下，机器人可利用这些设定好的路径来避开障碍物，安全回到目标位置。

（1）自动回位设置界面（图 B1-13）中的参数说明

1）功能开关：选择是否启用自动回位功能。

2）复位信号：指定内部信号端口。机器人接收到此信号为 ON 后，开始执行回位功能。

3）到位信号：指定内部信号端口。机器人运动到位后，输出信号为 ON。

4）区域号：区域编号为 0～9，可设置 10 个区域和 10 个返回点。

5）是否有效：设置当前区域是否有效，有效则检测此区域。

6）返回点：返回点的设置为机器人移动的目标点。当机器人处于返回区域内时，以当前位置为起始点，向返回点位置运动。同一个区域号，返回点不能设置在最大/小点设置的区域空间内。

7）最大/最小点：通过两个点设置一个空间区域，当机器人处于定义的区域内时，可触发信号返回对应的位置。

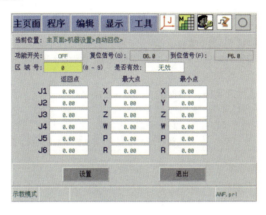

图 B1-13　自动回位设置界面

（2）机器人自动回位设置注意事项

1）返回区域及返回点位置的设置应合理，以防机器人在运行过程中发生碰撞。

2）自动回位功能的轨迹运行是关节坐标运动，系统对速度进行了限定。

3）启动回作业原点时，应做好紧急停止的准备。

4）启动条件：在再现模式或远程模式下开启使能状态，并且系统处于停止状态，机器人处于返回区域内。

能力训练：设置机器人参数

1. 操作条件

1）广州数控工业机器人操作与运维实训平台。

2）《工业机器人 GR-C 控制系统　操作说明书》（2022 年 2 月第 7 版）。

2. 安全及注意事项

1）在调试与运行时，机器人可能会执行一些意外的或不规范的动作，因此应与机器人保持足够的安全距离。

2）在示教盒的使用和存放过程中，应避免踩踏电缆。

3）在手动减速模式下，机器人只能进行减速操作。只要操作人员在安全保护空间之内工作，就应始终以手动速度进行操作。

4）重要参数不要轻易修改，需要专业人员来修改。

3. 操作过程

机器人参数设置操作方法及说明如表 B1-6 所示。

表 B1-6 机器人参数设置操作方法及说明

序号	参数设置	操作方法及说明	质量标准
1	机器人再现运行方式设置	进入[主页面]→[机器设置]→[再现运行方式]界面： 1）选中[普通再现]单选按钮，机器人程序再现运行，观察机器人运行效果。 2）选中[机械锁定]单选按钮，机器人程序再现运行，观察机器人运行效果	按照流程正确设置
2	软极限设置	进入[主页面]→[机器设置]→[软极限]界面： 1）设置J1轴软极限正向110°，反向-90°，将机器人运行至正向110°，查看机器人运行效果。 2）设置J4轴软极限正向120°，反向-120°，将机器人运行至正向120°，查看机器人运行效果	正确完成机器人轴的软极限设置
3	作业原点设置	进入[主页面]→[机器设置]→[作业原点]界面： 1）选择原点位置，进入设置界面。 2）设置原点1，J1~J6值全部为零。 3）选择原点1，按住使能开关和[前进]键使机器人运行至原点1位置	正确设置作业原点并运行到原点
4	清理工位	清理设备与工位，并填写工位清理记录表	按规定清理好自己的工位

问题情境：

机器人触发软极限报警的解决方法是什么？

1）按[清除]键解除机器人报警。

2）按使能开关，向发生软极限报警的相反方向移动机器人，解除机器人报警。

4. 学习结果评价

学习结果评价如表 B1-7 所示。

表 B1-7 学习结果评价

序号	评价内容	评价标准	评价结果（是/否）
1	机器人再现运行方式设置	按照流程正确设置	
2	软极限设置	正确完成机器人轴的软极限设置	
3	作业原点设置	正确设置作业原点并运行到原点	
4	清理工位	按规定清理好自己的工位	

课后作业

1. 机器人的极限限位都有哪些？

2. 机器人普通再现与机械锁定再现运行方式有什么不同？

工作任务 B2 机器人坐标系设置

B2-1 正确合理使用关节坐标系和基坐标系

职业能力

【核心概念】

- 关节坐标系：用来描述各个关节位置的坐标系，通常使用关节角度或编码器值来定义。在此坐标系下，工业机器人各关节轴绕轴心分别做旋转运动。
- 基坐标系：机器人系统默认的坐标系，以机器人底座中心为基点。

【学习目标】

- 能够合理选择关节坐标系和基坐标系。
- 正确掌握关节坐标系各关节的正负方向。
- 正确掌握基坐标系 X、Y、Z 轴的正负方向。
- 树立安全生产意识、安全防范意识。

基本知识：关节坐标系和基坐标系

1. 关节坐标系

关节坐标系是工业机器人中最基本的坐标系之一，它表示机器人的各个关节的位置。在此坐标系下，机器人各关节轴绕轴心分别做旋转运动，各关节轴的方向规定如图 B2-1 所示。

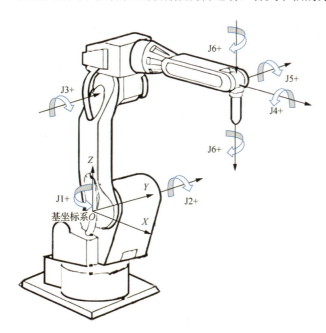

视频：关节坐标系
与基坐标系

图 B2-1 关节坐标系

2. 基坐标系

基坐标系为机器人系统默认的坐标系，以机器人底座中心为基点。在此坐标系下，机器人沿笛卡儿坐标 X、Y、Z 方向平行移动。基坐标系如图 B2-2 所示。

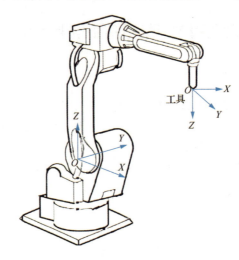

图 B2-2　基坐标系

能力训练：使用关节坐标系和基坐标系

1. 操作条件

1）广州数控工业机器人操作与运维实训平台。

2）《工业机器人 GR-C 控制系统　操作说明书》（2022 年 2 月第 7 版）。

2. 安全及注意事项

1）禁止在工业机器人周围做出危险行为，接触工业机器人或周围机械有可能造成人身伤害。

2）为防止发生危险，操作人员在操作工业机器人时必须穿戴好工作服、安全鞋、安全帽等安全用具。

3）接触工业机器人控制柜、操作盘、工件及其他夹具等，有可能造成人身伤害。

4）禁止强制启动工业机器人、悬吊于工业机器人下、攀爬工业机器人，以免造成人身伤害或设备损坏。

5）禁止靠在工业机器人或其他控制柜上，不要随意按动开关或按钮，以免造成人身伤害或设备损坏。

6）当工业机器人处于通电状态时，禁止未经过专门培训的人员接触工业机器人控制柜和示教盒，否则错误操作会导致人身伤害或设备损坏。

3. 操作过程

使用关节坐标系和基坐标系的具体操作过程如表 B2-1 所示。

表 B2-1　使用关节坐标系和基坐标系的具体操作过程

序号	步骤	操作方法及说明	质量标准
1	选定关节坐标系	按[坐标设定]键,点动切换机器人当前运动坐标系到关节坐标系 [J]	正确选择关节坐标系
2	操纵各个关节	在示教模式下,使用 [X+/J1-] [X-/J1-] [A+/J4+] [A-/J4-] [Y+/J2+] [Y-/J2-] [B+/J5+] [B-/J5-] [Z+/J3+] [Z-/J3-] [C+/J6+] [C-/J6-] 分别移动工业机器人 J1~J6 轴	熟练掌握各个关节的正负方向
3	移动工业机器人到达指定点	操纵工业机器人 J1~J6 轴,使工业机器人分别到达 P1 和 P2 点	准确到达 P1 和 P2 点
4	选定基坐标系	按[坐标设定]键,点动切换机器人当前运动坐标系到基坐标系 [B]	正确选择基坐标系
5	操纵各坐标轴	在示教模式下,使用 [X+/J1+] [X-/J1-] [A+/J4+] [A-/J4-] [Y+/J2+] [Y-/J2-] [B+/J5+] [B-/J5-] [Z+/J3+] [Z-/J3-] [C+/J6+] [C-/J6-] 分别移动工业机器人 X、Y、Z、A、B、C 坐标轴	熟练掌握各坐标轴的正负方向
6	移动工业机器人到达指定点	操纵工业机器人 X、Y、Z、A、B、C 坐标轴,使工业机器人分别到达 P3 和 P4 点	准确到达 P3 和 P4 点
7	清理工位	清理设备与工位,并填写工位清理记录表	按规定清理好自己的工位

4. 学习结果评价

学习结果评价如表 B2-2 所示。

表 B2-2　学习结果评价

序号	评价内容	评价标准	评价结果（是/否）
1	选定关节坐标系	正确选择关节坐标系	
2	操纵各个关节	熟练掌握各个关节的正负方向	
3	移动工业机器人到达指定点	准确到达 P1 和 P2 点	
4	选定基坐标系	正确选择基坐标系	
5	操纵各坐标轴	熟练掌握各坐标轴的正负方向	
6	移动工业机器人到达指定点	准确到达 P3 和 P4 点	
7	清理工位	按规定清理好自己的工位	

问题情境一:

工作人员使用基坐标系时,如何牢记各坐标轴的正负方向?

可使用右手定则（图 B2-3）辅助记忆各坐标轴的正负方向。

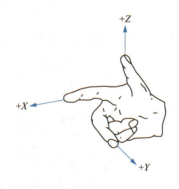

图 B2-3 右手定则

问题情境二：

什么情况下会使用关节坐标系？

1）需要精确控制每个关节的角度或编码器值时。

2）处理坐标轴软限位报警时。

3）需要重新标定机器人的零点位置或修正坐标系偏差时。

课后作业

1. 写出关节坐标系 J1～J6 关节的正负方向。

2. 机器人的动作坐标系有哪几种？如何切换动作坐标系？

职业
能力　B2-2　准确设置机器人工具坐标系

【核心概念】

- 工具坐标系：基于机器人末端工具定义的坐标系。
- 三点法：通过 3 个位置点的数据自动计算求得新的工具坐标系工具中心点（tool center point，TCP）的数据，将 TCP 成功地从默认位置移动到新工具的中心点。
- 五点法：通过 5 个位置点的数据自动计算求得新的工具坐标系 TCP 的数据，将 TCP 成功地从默认位置移动到新工具的中心点。

【学习目标】

- 认识工具坐标系。
- 能使用直接输入法设置工具坐标系。
- 能使用三点法准确设置工具坐标系。
- 能使用五点法准确设置工具坐标系。
- 发扬爱岗敬业、甘于奉献的劳模精神。

基本知识：工具坐标系及其设置方法

1. 工具坐标系

工具坐标系是基于机器人末端工具定义的坐标系。通常以机器人末端工具尖点为坐标系的原点；当工具坐标值为零时，坐标系原点为机器人末端法兰中心。根据机器人系统的工具坐标系设定，机器人以原点为中心分别做平行运动及空间内的姿态运动。工具坐标系如图 B2-4 所示。

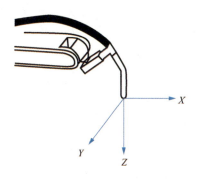

视频：工具坐标系

图 B2-4　工具坐标系

2. 工具坐标系的设置方法

在安装或更换机器人末端工具后，需要对工具坐标系进行设置。正确的工具坐标系设置可提高机器人在姿态轨迹运动中的精确性和性能。工具坐标系的设置方法有直接输入法、三点法和五点法 3 种。

（1）使用直接输入法设置工具坐标系

1）页面导航：[主页面]→[系统设置]→[工具坐标]。

2）更改当前工具坐标号。工具坐标选择界面如图 B2-5 所示，可通过单击上下调节按钮切换坐标系号，单击[选择]按钮更改当前工具坐标号。

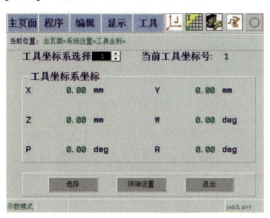

图 B2-5　工具坐标选择界面

3）在出现的界面中选中[直接输入法]单选按钮，单击[选择]按钮，进入直接输入法设置界面。

4）完成工具坐标系的设置。

在已知工具尺寸等详细参数时，可使用直接输入法，在[直接输入法]选项区域输入相应项的值，最后单击[设置]按钮即可。坐标设置完成界面如图 B2-6 所示。

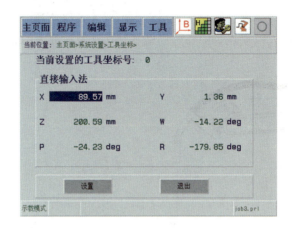

图 B2-6　坐标设置完成界面

（2）使用三点法设置工具坐标系

1）页面导航：[主页面]→[系统设置]→[工具坐标]，在界面中选中[三点法]单选按钮，单击[选择]按钮，进入工具坐标三点法设置界面，如图 B2-7 所示。

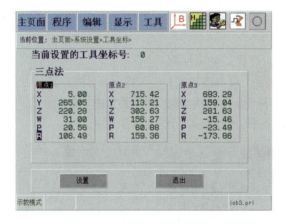

图 B2-7　工具坐标三点法设置界面

2）将 TCP 分别以 3 个方向设置参考点，记录 3 个原点，如图 B2-8 所示。

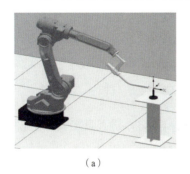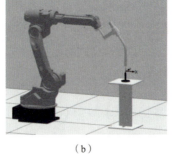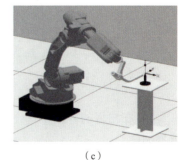

（a）　　　　　　　　　　（b）　　　　　　　　　　（c）

图 B2-8　设置方向原点

3）单击[设置]按钮，完成工具坐标的三点法设置。

（3）使用五点法设置工具坐标系

1）页面导航：[主页面]→[系统设置]→[工具坐标]，在界面中选中[五点法]单选按钮，单击[选择]按钮，进入工具坐标五点法设置界面，如图 B2-9 所示。

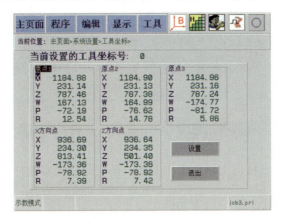

图 B2-9　五点法设置界面

2）按照三点法设置原点 1、2、3。

3）示教机器人沿用户设定的+X 方向移动 250mm 以上，如图 B2-10 所示，按[获取示教点]键。

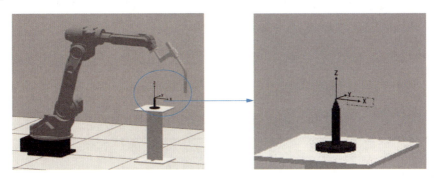

图 B2-10　记录 X 方向点

4）示教机器人沿用户设定的+Z 方向移动 250mm 以上，如图 B2-11 所示，按[获取示教点]键，示教记录完成。

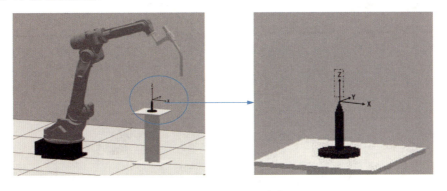

图 B2-11　记录 Z 方向点

5）单击[设置]按钮，完成工具坐标的五点法设置。

能力训练：设置机器人工具坐标系

1. 操作条件

1）广州数控工业机器人操作与运维实训平台。

2）《工业机器人 GR-C 控制系统　操作说明书》（2022 年 2 月第 7 版）。

2. 安全及注意事项

1）禁止在工业机器人周围做出危险行为，接触工业机器人或周围机械有可能造成人身伤害。

2）为防止发生危险，操作人员在操作工业机器人时必须穿戴好工作服、安全鞋、安全帽等安全用具。

3）接触工业机器人控制柜、操作盘、工件及其他夹具等，有可能造成人身伤害。

4）禁止强制启动工业机器人、悬吊于工业机器人下、攀爬工业机器人，以免造成人身伤害或设备损坏。

5）禁止靠在工业机器人或其他控制柜上，不要随意按动开关或按钮，以免造成人身伤害或设备损坏。

6）当工业机器人处于通电状态时，禁止未经过专门培训的人员接触工业机器人控制柜和示教盒，否则错误操作会导致人身伤害或设备损坏。

3. 操作过程

设置机器人工具坐标系的具体操作过程如表 B2-3 所示。

表 B2-3　设置机器人工具坐标系的具体操作过程

序号	步骤	操作方法及说明	质量标准
1	使用直接输入法设置工具坐标号"0"	1）选择工具坐标号"0"； 2）使用直接输入法输入工具坐标值	完成工具坐标的设置
2	使用三点法设置工具坐标号"1"	1）选择工具坐标号"1"； 2）使用三点法设置工具坐标值 	完成工具坐标的设置
3	使用五点法设置工具坐标号"2"	1）选择工具坐标号"2"； 2）使用五点法设置工具坐标值 	完成工具坐标的设置
4	清理工位	清理设备与工位，并填写工位清理记录表	按规定清理好自己的工位

问题情境：

如何对工具坐标系进行检验？

工具坐标系设置完成后，可对其进行检验，具体步骤如下。

1）检验 X、Y、Z 方向。

2）按[坐标设定]键，切换到工具坐标系。

3）示教机器人分别沿 X、Y、Z 方向运动，检查工具坐标系的方向与设定是否符合要求。

4）检验 TCP 位置。

5）按[坐标设定]键，切换到工具坐标系或其他笛卡儿坐标系。

6）移动机器人对准基准点，示教机器人绕 X、Y、Z 轴旋转，检查 TCP 的位置是否符合要求。

以上检验如有偏差或不符合要求的情况，需要重新进行设置。

4. 学习结果评价

学习结果评价如表 B2-4 所示。

表 B2-4　学习结果评价

序号	评价内容	评价标准	评价结果（是/否）
1	使用直接输入法设置工具坐标号 "0"	完成工具坐标的设置	
2	使用三点法设置工具坐标号 "1"	完成工具坐标的设置	
3	使用五点法设置工具坐标号 "2"	完成工具坐标的设置	
4	清理工位	按规定清理好自己的工位	

课后作业

1. 什么是工具坐标系？

2. 如何验证工具坐标系的设置是否正确？

3. 使用五点法与三点法设置的机器人工具坐标系有哪些不同？

职业能力 B2-3　准确设置机器人用户坐标系

【核心概念】

- 用户坐标系：指用户自行定义坐标原点和方向的坐标系。
- 三点法：三点分别为 X 轴上第一点 X_1、X 轴上第二点 X_2、Y 轴上第三点 Y_1。所定义的用户坐标系原点为 Y_1 与 X_1、X_2 所在直线的垂足处，X 正方向为 X_1 至 X_2 的射线方向，Y 正方向为垂足至 Y_1 的射线方向。

【学习目标】

- 掌握用户坐标系的参数及意义。
- 掌握使用直接输入法设置用户坐标系的方法。

- 掌握使用三点法设置用户坐标系的方法。
- 培养不断改进、不断完善、勇攀高峰的进取精神。

基本知识：用户坐标系的设置方法

用户坐标系又称工件坐标系，它是基于全局坐标系的一个偏置坐标系，如图 B2-12 所示。用户坐标系通常定义在工件上，原点是工件上的某个特定位置，X、Y、Z 轴与工件表面的特定方向平行或垂直。

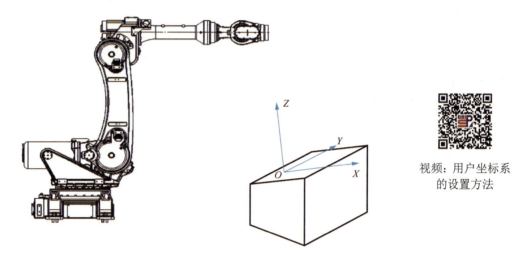

视频：用户坐标系的设置方法

图 B2-12　用户坐标系

一般情况下，机器人的示教、编程和运行都可以基于全局坐标系来完成，而无需设置用户坐标系，但是当出现以下 3 种情况时，就必须设置用户坐标系。

1）作业对象（加工工件）的位置发生改变。

2）需要在多台同类型的加工系统中重复使用机器人的运行程序。

3）需要在与全局坐标系平面不平行的其他平面上进行示教编程。

当作业对象的位置发生改变后，基于全局坐标系编写的程序所包含的位置信息会全部失效。

当使用多套机器人生产系统加工同样的对象时，因为无法要求所有机器人的控制点和作业对象的相对位置都调校到一样，所以基于全局坐标系的程序不具有通用性。

当要求机器人的控制点在与全局坐标系平面不平行的其他平面上进行平行或垂直示教时，在全局坐标系中无法进行，这时需要设置用户坐标系。设置用户坐标系时，X、Y、Z 的值是用户坐标系原点相对于全局坐标系原点的坐标值，A、B、C 的值是用户坐标系相对于全局坐标系各轴的偏转角度。

准确设置机器人用户坐标系的方法如下。

（1）使用直接输入法设置用户坐标系

1）页面导航：[主页面]→[系统设置]→[用户坐标]，通过单击上下调节按钮，切换坐标系号，单击[选择]按钮更改当前用户坐标号。

2）在出现的界面中选中[直接输入法]单选按钮，如图 B2-13 所示。单击[选择]按钮，进入直接输入法设置界面。

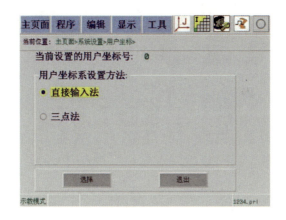

图 B2-13　选中[直接输入法]单选按钮

3）输入相应项的值，如图 B2-14 所示，最后单击[设置]按钮。

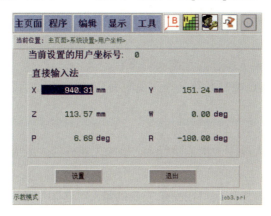

图 B2-14　输入值界面

（2）使用三点法设置用户坐标系

1）进入用户坐标三点法设置界面。页面导航：[主页面]→[系统设置]→[用户坐标]，在界面中选中[三点法]单选按钮，单击[选择]按钮。

2）记录用户坐标系原点、X 方向点、Y 方向点。首先，将机器人移动至用户坐标系的原点，同时按[使能开关]键和[获取示教点]键，记录用户坐标系的原点。然后，将示教机器人沿用户的+X 方向移动 250mm 以上，记录 X 方向点。最后，将示教机器人沿用户的+Y 方向移动 250mm 以上，记录 Y 方向点。

注意：为保证位置及计算的正确性，不要移动机器人姿态轴 W、P、R。

3）完成用户坐标三点法的设置。单击[设置]按钮完成设置，如图 B2-15 所示。

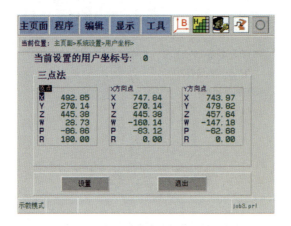

图 B2-15　完成用户坐标三点法的设置

能力训练：设置机器人用户坐标系_____

1. 操作条件

1）广州数控工业机器人操作与运维实训平台。

2）《工业机器人 GR-C 控制系统　操作说明书》（2022 年 2 月第 7 版）。

2. 安全及注意事项

1）禁止在工业机器人周围做出危险行为，接触工业机器人或周围机械有可能造成人身伤害。

2）为防止发生危险，操作人员在操作工业机器人时必须穿戴好工作服、安全鞋、安全帽等安全用具。

3）接触工业机器人控制柜、操作盘、工件及其他夹具等，有可能造成人身伤害。

4）禁止强制启动工业机器人、悬吊于工业机器人下、攀爬工业机器人，以免造成人身伤害或设备损坏。

5）禁止靠在工业机器人或其他控制柜上，不要随意按动开关或按钮，以免造成人身伤害或设备损坏。

6）当工业机器人处于通电状态时，禁止未经过专门培训的人员接触工业机器人控制柜和示教盒，否则错误操作会导致人身伤害或设备损坏。

3. 操作过程

设置机器人用户坐标系的具体操作过程如表 B2-5 所示。

表 B2-5　设置机器人用户坐标系的具体操作过程

序号	步骤	操作方法及说明	质量标准
1	使用直接输入法设置用户坐标号"0"	1）选择用户坐标号"0"； 2）使用直接输入法输入如下所示的用户坐标值 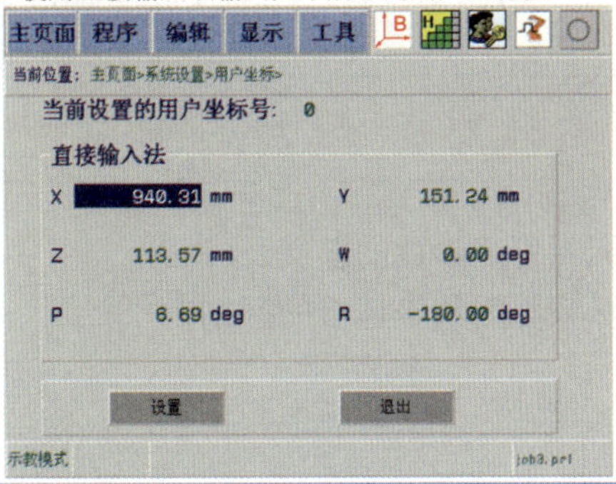 	完成用户坐标的设置
2	使用三点法设置用户坐标号"1"	1）选择用户坐标号"1"； 2）使用三点法设置倾斜面用户坐标系 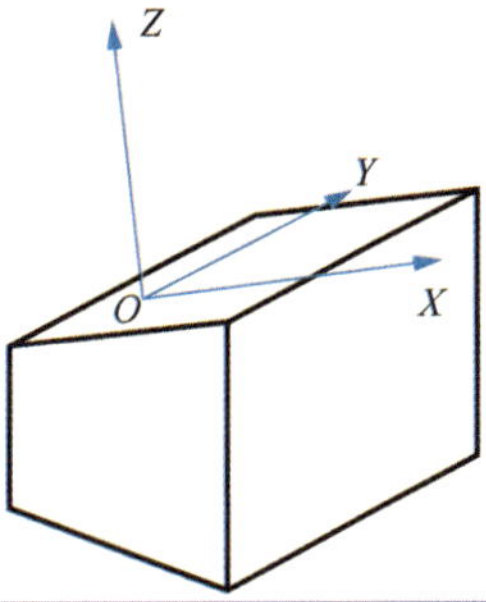 	完成用户坐标的设置
3	清理工位	清理设备与工位，并填写工位清理记录表	按规定清理好自己的工位

问题情境一：

用户坐标系与直角坐标系的区别在哪里？

直角坐标系的原点和方向都是固定的，而用户坐标系的原点和方向可以根据需要灵活变换，以适应不同的工作要求。

问题情境二：

如何验证用户坐标系的设定是否正确？

1）坐标原点检查：切换到设定好的用户坐标系，将机器人移动到设定的用户坐标系原点，确认此时用户坐标系的值是否为零。

2）坐标轴方向验证：切换到设定好的用户坐标系，按机器人 X+、Y+、Z+方向键，使机器人分别沿着用户设置的 X、Y、Z 正方向移动，观察机器人的移动方向是否与设定的方向一致。

4. 学习结果评价

学习结果评价如表 B2-6 所示。

表 B2-6 学习结果评价

序号	评价内容	评价标准	评价结果（是/否）
1	使用直接输入法设置用户坐标号"0"	完成用户坐标的设置	
2	使用三点法设置用户坐标号"1"	完成用户坐标的设置	
3	清理工位	按规定清理好自己的工位	

课后作业

1. 简述用户坐标系各个参数的含义。
2. 分析用户坐标系与工具坐标系的区别。

工业机器人编程

　　工业机器人要实现一定的动作和功能，除依赖可靠的硬件支持外，大部分的工作需要通过编程来完成，即通过特定的语言描述工业机器人的运动轨迹，使工业机器人按照指定的运动轨迹和作业指令完成操作人员期望的各项工作。

　　工业机器人编程主要包括移动示教、程序编辑、示教检查、程序运行等关键步骤。首先是移动示教，将工业机器人移动到指定位置，并记录示教点。然后是程序编辑，使用机器程序指令对机器人的运动状态、位置控制、信号处理、逻辑流程等情况进行设计。程序编写完成之后一般需进行示教检查，验证所编写的程序是否符合工作要求。最后是程序运行，机器人按照编写好的程序执行任务。

工作任务 C1　机器人示教编程

【核心概念】

- 示教点：指机器人示教过程中记录下来的运动目标位置数据，可通过程序指令使机器人运动到示教点对应的空间位置。
- 笛卡儿坐标系：一种三维坐标系，用于描述机器人末端执行器的位置和姿态。

【学习目标】

- 能使用轴关节运动到指定位置。
- 能使用笛卡儿坐标系运动到指定位置。
- 培养安全防护意识、质量管理意识和勇于担当的精神。

基本知识：机器人相关运动

1. 轴关节运动

将机器人运动坐标系切换为关节坐标系，机器人使能后指示灯亮，此时可通过轴操作键控制对应的机器人关节轴运动。图 C1-1 所示为 RB08 机器人的各轴运动示意图。

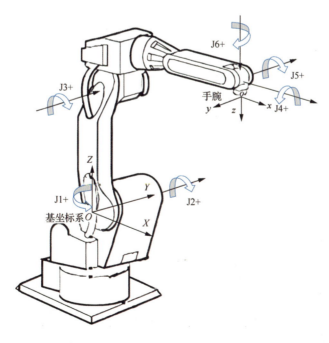

图 C1-1　RB08 机器人的各轴运动示意图

示教盒面板的轴操作键如图 C1-2 所示。

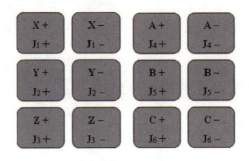

图 C1-2　轴操作键

其按键说明如下。

1）X+/J1+：J1 轴正方向运动。X-/J1-：J1 轴负方向运动。

2）Y+/J2+：J2 轴正方向运动。Y-/J2-：J2 轴负方向运动。

3）Z+/J3+：J3 轴正方向运动。Z-/J3-：J3 轴负方向运动。

4）A+/J4+：J4 轴正方向运动。A-/J4-：J4 轴负方向运动。

5）B+/J5+：J5 轴正方向运动。B-/J5-：J5 轴负方向运动。

6）C+/J6+：J6 轴正方向运动。C-/J6-：J6 轴负方向运动。

2.　笛卡儿坐标系运动

当机器人坐标系为直角坐标系、用户坐标系、工具坐标系时，按轴操作键，机器人将按笛卡儿坐标系进行运行。其界面以"位姿值"显示，监控显示末端工具 TCP 位姿。示教盒面板的轴操作键说明如下。

1）X+/J1+：工具点沿坐标 X 轴移动。

2）Y+/J2+：工具点沿坐标 Y 轴移动。

3）Z+/J3+：工具点沿坐标 Z 轴移动。

4）A+/J4+：工具点绕坐标 X 轴旋转。

5）B+/J5+：工具点绕坐标 Y 轴旋转。

6）C+/J6+：工具点绕坐标 Z 轴旋转。

能力训练：使用轴坐标系操作机器人运动

1.　操作条件

1）广州数控工业机器人操作与运维实训平台。

2）《工业机器人 GR-C 控制系统　操作说明书》（2022 年 2 月第 7 版）。

2.　安全及注意事项

1）禁止在工业机器人周围做出危险行为，接触工业机器人或周围机械有可能造成人身伤害。

2）为防止发生危险，操作人员在操作工业机器人时必须穿戴好工作服、安全鞋、安全帽等安全用具。

3）接触工业机器人控制柜、操作盘、工件及其他夹具等，有可能造成人身伤害。

4）禁止强制启动工业机器人、悬吊于工业机器人下、攀爬工业机器人，以免造成人身伤害或设备损坏。

5）禁止靠在工业机器人或其他控制柜上，不要随意按动开关或按钮，以免造成人身伤害或设备损坏。

6）当工业机器人处于通电状态时，禁止未经过专门培训的人员接触工业机器人控制柜和示教盒，否则错误操作会导致人身伤害或设备损坏。

3. 操作过程

使用轴坐标系操作机器人运动的方法如表 C1-1 所示。

表 C1-1　使用轴坐标系操作机器人运动的方法

序号	步骤	操作方法及说明	质量标准
1	使用关节坐标系移动机器人	将机器人第五轴（B 值）关节角度由-58.62° 旋转到-85.08°： 1）按使能开关。 2）确认伺服使能灯亮起（使能有效）。 3）按[B-/J5-]键使第五轴关节 B 值到达-85.08°。 注意事项：松开轴操作键或松开使能开关，机器人将停止运动；为使位置更精确，可降低速度挡位，通过[B-/J5-]和[B+/J5+]键控制，达到所需角度 关节实际位置 S 1.31 L 27.23 U 26.26 R 12.68 B -58.62 T -9.70 → 关节实际位置 S 1.31 ——J1轴 L 27.23 ——J2轴 U 26.26 ——J3轴 R 12.68 ——J4轴 B -85.08 ——J5轴 T -9.70 ——J6轴	熟练掌握关节坐标系的使用方法
2	使用笛卡儿坐标系移动机器人	将机器人的 Y 轴坐标从 3.19 运动到 139.26。 1）按使能开关。 2）确认伺服使能灯亮起（使能有效）。 3）按[Y+/J2+]键使坐标 Y 值到达 139.26。 注意事项：松开轴操作键或松开使能开关，机器人将停止运动；为使位置更精确，可降低速度挡位，通过[Y+/J2+]和[Y-/J2-]键控制，达到所需位置值	熟练掌握笛卡儿坐标系的使用方法
3	操作机器人到达指定位置	操作机器人到达指定位置进行工作 B ● 　　D ● A ● 　　C ●	机器人准确到达图中各个点的位置
4	清理工位	清理设备与工位，并填写工位清理记录表	按规定清理好自己的工位

问题情境：

在操作机器人进行点位设置时，发现机器人并没有进行关节坐标系的轴运动，而是进行笛卡儿坐标系的位姿相对运动，原因是什么？

经过检查发现，原因是坐标系被误切换成了笛卡儿坐标系。在重新换回关节坐标系后，机器人重新进行轴运动。

4. 学习结果评价

学习结果评价如表 C1-2 所示。

表 C1-2　学习结果评价

序号	评价内容	评价标准	评价结果（是/否）
1	使用关节坐标系移动机器人	熟练掌握关节坐标系的使用方法	
2	使用笛卡儿坐标系移动机器人	熟练掌握笛卡儿坐标系的使用方法	
3	操作机器人到达指定位置	机器人准确到达图中各个点的位置	
4	清理工位	按规定清理好自己的工位	

课后作业

1．详细描述直角坐标系和关节坐标系的使用情境。
2．如何使用右手定则辅助记忆机器人直角坐标系的标定方向？
3．分析笛卡儿坐标系与关节坐标系的区别。

职业能力 C1-2　完成机器人基本程序的编写

【核心概念】

- MOVJ 指令：机器人点到点运动指令。
- MOVL 指令：机器人直线运动指令。

【学习目标】

- 能够编写机器人基本程序。
- 能够修改指令位置坐标值。
- 培养团队意识和协作精神。

基本知识：机器人程序编辑

程序编辑是指使用机器程序指令对机器人的运动状态、位置控制、信号处理、逻辑流程等情况进行设计和实现的过程。下面通过机器人绘图程序示例（图 C1-3）详细讲解程序编辑过程。

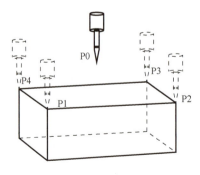

图 C1-3　机器人绘图程序示例

具体编程过程如下。
1）新建一个程序，程序名为"job1"，进入[编辑]界面，如图 C1-4 所示。

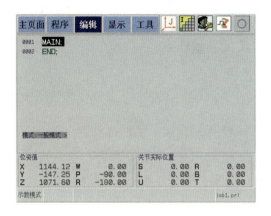

图 C1-4　[编辑]界面

2）将机器人恢复至机器人原点位置。

3）按[添加]键，打开指令菜单，并将光标移动到[1:运动指令]下拉列表中的[1:MOVJ]选项，指令菜单如图 C1-5 所示。

图 C1-5　指令菜单

4）按住使能开关和[选择]键，将 MOVJ 指令添加到程序中，如图 C1-6 所示。

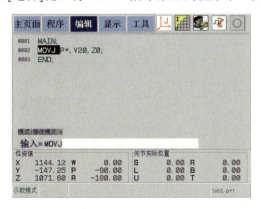

图 C1-6　添加指令

5）将光标移动到 MOVJ 指令的"P*"处，此时"P*"代表一个示教点，添加指令时，自动记录机器人的当前位置。P0 示教点如图 C1-7 所示。

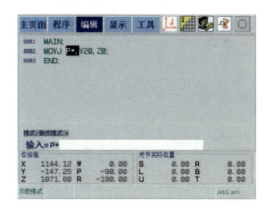

图 C1-7　P0 示教点

6）通过数字键输入"0"，按[输入]键后将"P*"改为"P0"。若程序已经存在 P0 编号的示教点，则参考第 9 步。

7）将机器人示教到图 C1-3 中的 P1 点，按[添加]键，以同样的方法添加 P1 点，P1 示教点如图 C1-8 所示。

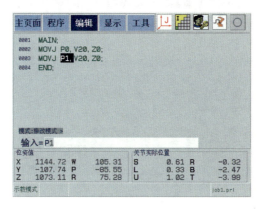

图 C1-8　P1 示教点

8）按同样的方法，选择添加 MOVL 指令，将图 C1-3 中的 P2、P3、P4 点记录到程序中。

9）此时，机器人处于图 C1-3 中 P4 点位置。按照运动轨迹 P0→P1→P2→P3→P4→P0，程序还需添加 P0 点。因程序已存在 P0 点，无须示教机器人到图 C1-3 中的 P0 点，所以可直接添加一条 MOVJ 指令，并将"P*"改为"P0"。此时系统弹出提示框询问"P0 点已存在，是否将 P*的位置值赋予 P0?"，这里选择"否"（如果选择"是"，则将当前位置赋值给 P0 点，将改变 P0 点原来的位置）。程序添加 P0 点如图 C1-9 所示（操作：将光标移到"否"选项，然后按[选择]键）。

10）整个程序已经编辑完成，按[取消]键退出[编辑]界面，进入[程序]界面，完成程序"job1"的保存。程序按要求编辑记录所有示教点和运动方式，系统将顺序执行程序中的指令，完成动作要求，即按 P0→P1→P2→P3→P4→P0 的顺序进行运动，程序完成界面如图 C1-10 所示。

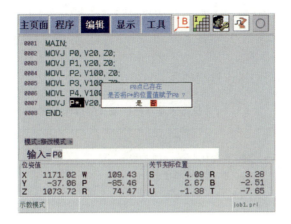

图 C1-9　程序添加 P0 点

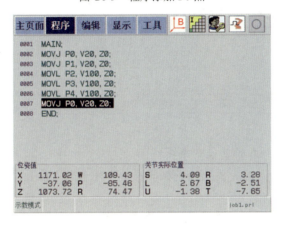

图 C1-10　程序完成

能力训练：编写机器人基本程序

1. 操作条件

1）广州数控工业机器人操作与运维实训平台。

2）《工业机器人 GR-C 控制系统　操作说明书》（2022 年 2 月第 7 版）。

2. 安全及注意事项

1）禁止在工业机器人周围做出危险行为，接触工业机器人或周围机械有可能造成人身伤害。

2）为防止发生危险，操作人员在操作工业机器人时必须穿戴好工作服、安全鞋、安全帽等安全用具。

3）接触工业机器人控制柜、操作盘、工件及其他夹具等，有可能造成人身伤害。

4）禁止强制启动工业机器人、悬吊于工业机器人下、攀爬工业机器人，以免造成人身伤害或设备损坏。

5）禁止靠在工业机器人或其他控制柜上，不要随意按动开关或按钮，以免造成人身伤害或设备损坏。

6）当工业机器人处于通电状态时，禁止未经过专门培训的人员接触工业机器人控制柜和示教盒，否则错误操作会导致人身伤害或设备损坏。

3. 操作过程

机器人基本程序编写的操作过程如表 C1-3 所示。

表 C1-3　机器人基本程序编写的操作过程

序号	步骤	操作方法及说明	质量标准
1	新建程序	新建文件名为"newjob1"的程序	新建文件并且名称正确

2	程序编辑	编写机器人程序并单步运行。
		MAIN;
		MOVJ P0,V20,Z0;
		MOVJ P1,V20,Z0;
		MOVL P2,V20,Z0;
		MOVL P3,V20,Z0;
		MOVL P4,V20,Z0;
		MOVJ P0,V20,Z0;
		END;
			正确编写程序并单步运行

3	清理工位	清理设备与工位，并填写工位清理记录表	按规定清理好自己的工位

问题情境：

机器人编程与示教时有哪些注意事项？

1）打开机器人总开关后，要先检查机器人是否处于原点位置。如果不在原点，则需手动跟踪机器人返回原点。

2）打开机器人总开关后，要检查示教盒外部的紧急停止按钮是否被按下，如果被按下，则应先释放按钮，然后点亮示教盒上的伺服灯，再按启动按钮启动机器人。

3）在机器人运行过程中需要暂停下来修改程序时，应先选择手动模式再修改程序。修改完成后，务必确保程序中光标所在的位置和机器人当前的实际位置一致。

4. 学习结果评价

学习结果评价如表 C1-4 所示。

表 C1-4　学习结果评价

序号	评价内容	评价标准	评价结果（是/否）
1	新建程序	新建文件并且名称正确	
2	程序编辑	正确编写程序并单步运行	
3	清理工位	按规定清理好自己的工位	

课后作业

1. 简述机器人的示教、取点过程。

2. 简述创建程序的基本步骤。

3. 新建机器人程序时需要注意什么？

C1-3 完成机器人程序的示教和再现

【核心概念】

- 单步示教：机器人运行一条程序指令后，程序暂停，等到操作指令后才继续顺序执行下一条程序指令。
- 连续示教：机器人连续运行程序，直到程序结束。
- 再现：启动执行机器人程序，自动执行指令程序。

【学习目标】

- 掌握程序单步示教和连续示教方法。
- 掌握程序再现方法。
- 发扬一丝不苟、精益求精的工匠精神。

基本知识：机器人示教和再现

示教再现机器人是一种可重复再现通过示教编程存储起来的作业程序的机器人。程序编辑完成之后，一般需进行示教检查，检查所编辑的程序是否符合工作要求，使机器人一步一步地执行程序中的指令。控制方式主要有单步示教控制和连续示教控制两种。

1. 单步示教教程

单步示教是指机器人运行一条程序指令后，程序暂停，等到操作指令后才继续顺序执行下一条程序指令。单步示教的步骤如下。

1）切换系统模式为示教模式，选择系统速度为低速挡（保证动作安全）。

2）通过按[单段/连续]键，选择单步动作循环方式 📷。

3）将光标移动到程序第 0001 行指令处，光标操作如图 C1-11 所示。

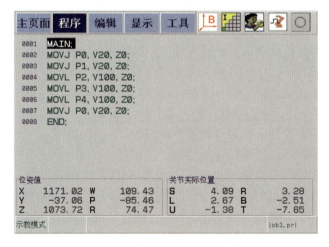

图 C1-11 光标操作

4）按住使能开关和[前进]键，使机器人单步执行光标所在处的指令，即第 0001 行指令。

5）等到系统提示"行 1：运行结束"，此时机器人执行完第 0001 行并自动停止。

6）松开[前进]键，保持使能开关被按下，再次按[前进]键，光标自动移动到第0002行指令，并执行。

7）同样，等到系统提示"行2：运行结束"，此时机器人已经执行完第0002行程序指令，即机器人运动到了图C1-3中的P0点处，程序结束，如图C1-12所示。

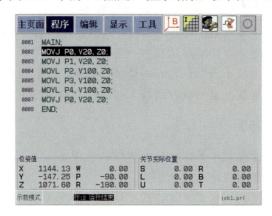

图C1-12　程序结束

8）按同样的操作步骤，机器人将逐条执行程序，先后到达 P0→P1→P2→P3→P4→P0点位置，完成程序验证。

9）若用户需要将机器人示教到光标前一行程序，按住使能开关和[后退]键，光标将向上执行前一行程序，并单步执行。

当系统正在运行时，松开[前进]、[后退]键或使能开关，机器人会立刻停止。

2. 连续示教教程

1）如果需要实现连续示教检查，则通过[单段/连续]键，选择连续运行方式 。
2）将光标移动到程序第0001行指令处，光标操作如图C1-11所示。
3）按住使能开关和[前进]键，机器人将连续执行所有程序。

3. 再现教程

机器人再现操作是指启动执行机器人程序，机器人系统自动执行指令程序。例如，执行职业能力C1-2中编辑的"job1"程序，具体步骤如下。

1）再现运行程序之前，将机器人示教到程序的第一个运动点。进入[程序]界面，对"job1"程序的第0002行指令进行前进示教，使机器人到达图C1-3中的P0点。
2）通过[模式选择]旋钮，选择"再现"模式。
3）通过[手动速度]键，选择低速度等级。
4）按[伺服准备]键，开启使能状态，[伺服准备]键的灯亮起。
5）按[启动]键，[启动]键灯亮，此时系统会在屏幕上显示："请确保安全，继续从当前位置启动吗？（是/否）"，选择"是"后，系统开始自动运行程序"job1"，机器人也在按照程序指令所记录的示教点位置进行运动。屏幕右上方的系统状态区域显示系统正在运行的状态 。
6）若在程序运行过程中按[暂停]键，则[暂停]键灯亮，系统运行状态变为 。再次按[启动]键，则系统继续运行程序，运行状态变为 。

7）若在程序运行过程中按[紧急停止]键，则系统进入急停状态，机器人停止运动，运行状态变为 。解除急停状态后，须从第一步开始重新启动程序。

8）系统执行完程序后，机器人停止运动，系统运动状态为 。

能力训练：机器人程序示教和再现

1. 操作条件

1）广州数控工业机器人操作与运维实训平台。

2）《工业机器人 GR-C 控制系统　操作说明书》（2022 年 2 月第 7 版）。

2. 安全及注意事项

1）禁止在工业机器人周围做出危险行为，接触工业机器人或周围机械有可能造成人身伤害。

2）为防止发生危险，操作人员在操作工业机器人时必须穿戴好工作服、安全鞋、安全帽等安全用具。

3）接触工业机器人控制柜、操作盘、工件及其他夹具等，有可能造成人身伤害。

4）禁止强制启动工业机器人、悬吊于工业机器人下、攀爬工业机器人，以免造成人身伤害或设备损坏。

5）禁止靠在工业机器人或其他控制柜上，不要随意按动开关或按钮，以免造成人身伤害或设备损坏。

6）当工业机器人处于通电状态时，禁止未经过专门培训的人员接触工业机器人控制柜和示教盒，否则错误操作会导致人身伤害或设备损坏。

3. 操作过程

机器人程序示教和再现的具体操作过程如表 C1-5 所示。

表 C1-5　机器人程序示教和再现的具体操作过程

序号	步骤	操作方法及说明	质量标准

1	编写程序	编写机器人程序 "job1"。
		MAIN;
		MOVJ P0,V20,Z0;
		MOVJ P1,V20,Z0;
		MOVL P2,V100,Z0;
		MOVL P3,V100,Z0;
		MOVL P4,V100,Z0;
		MOVJ P0,V20,Z0;
		END;
			正确编写程序

2	单步示教	通过[单段/连续]键选择单步运行方式	熟练掌握运行技巧，正确运行单步示教程序
3	连续示教	如果需要实现连续示教检查，则通过[单段/连续]键选择连续运行方式	熟练掌握运行技巧，正确运行连续示教程序
4	再现	通过[模式选择]旋钮选择 "再现" 模式	熟练掌握运行技巧，正确运行再现程序
5	清理工位	清理设备与工位，并填写工位清理记录表	按规定清理好自己的工位

问题情境：

在运行机器人程序时发现，无论怎么按使能开关启动机器人程序，机器人始终只执行[程序]页面中的一条程序，既使在释放使能开关后再次启动，机器人依然只执行一条程序。问题原因是什么？

经过检查发现，问题原因是选择了单步示教模式的缘故，将示教模式切换成连续示教后，机器人便能正常地逐条执行整个程序。

4. 学习结果评价

学习结果评价如表 C1-6 所示。

表 C1-6　学习结果评价

序号	评价内容	评价标准	评价结果（是/否）
1	编写程序	正确编写程序	
2	单步示教	熟练掌握运行技巧，正确运行单步示教程序	
3	连续示教	熟练掌握运行技巧，正确运行连续示教程序	
4	再现	熟练掌握运行技巧，正确运行再现程序	
5	清理工位	按规定清理好自己的工位	

课后作业

1. 简述单步示教与连续示教的使用环境。
2. 示教和手动操作机器人时需要注意哪些事项？
3. 示教前，机器人需要进行哪些检查？

工作任务 C2　程序管理与编辑

职业 能力 C2-1　熟练完成机器人程序管理

【核心概念】

- 复制程序：将机器人程序从一个文件复制到另外一个文件。
- 删除程序：将机器人程序删除。
- 查找程序：通过文件名查找机器人程序。

【学习目标】

- 了解指令编辑的概念。
- 正确完成创建程序、复制程序、删除程序等操作。
- 正确完成程序重命名及外部储存操作。
- 增强民族自信，深植爱国主义情怀。

基本知识：文件的更改与设定

1. 新建程序

新建程序指创建新的程序文件，机器人控制系统的程序文件名称可由英文和数字组成，文件名最大长度是 8 位。

2. 复制程序

复制后的程序文件和源程序文件内容相同，包括示教点和程序指令。

下面以复制程序文件"testby01.prl"，使其变为"testby02.prl"为例进行介绍。

先根据导航区的当前位置信息，进入[程序一览]界面，如图 C2-1 所示；然后在程序列表中选中需复制的程序文件"testby01"，并输入新的程序名"testby02"，单击[复制]按钮，系统生成新的"testby02"程序文件，并显示在列表中，文件复制完成界面如图 C2-2 所示。

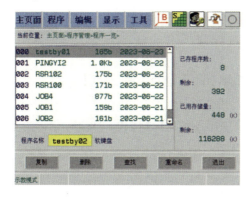

视频：机器人程序
管理

图 C2-1　[程序一览]界面

图 C2-2 文件复制完成界面

3．删除程序

程序文件被删除后不能恢复，因此对程序文件进行删除操作时务必谨慎，以免误删。下面以删除列表中的"testby01"程序文件为例进行介绍。

先在程序列表中选中需删除的程序文件"testby01"，然后单击[删除]按钮，此时界面弹出[确认删除文件]对话框，选择[是]选项确认从列表中删除"testby01"程序文件。文件删除界面如图 C2-3 所示。

图 C2-3 文件删除界面

4．查找程序

下面以查找程序名为"testby02.prl"的程序为例进行介绍。

先根据导航区的当前位置信息，进入[程序一览]界面，在程序名称中输入"testby02"；然后单击[查找]按钮，此时程序列表中出现被光标标识的"testby02"文件。文件查找界面如图 C2-4 所示。

图 C2-4   文件查找界面

5. 重命名程序文件

下面以把程序名为"testby01.prl"的程序重命名为"testby02.prl"为例进行介绍。

先进入[程序一览]页面，在程序列表中选中需重命名的程序文件"testby01"；然后输入新的程序名"testby02"，单击[重命名]按钮，此时程序列表上的程序"testby01"已经被重命名为"testby02"。文件重命名界面如图 C2-5 所示。

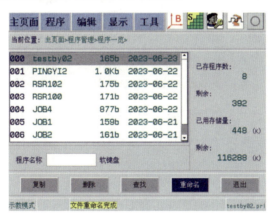

图 C2-5   文件重命名界面

6. 外部存储

外部存储功能可将机器人程序文件复制到 U 盘，或者把 U 盘中的程序复制到机器人控制器中。

下面以将程序名为"JOB2.prl"的程序复制到 U 盘中为例进行介绍。

先插入 U 盘，根据导航区的当前位置信息，进入[外部存储]界面；然后单击[系统]按钮，列表显示系统中所有的程序文件，接着在程序列表中选中需复制的程序文件"JOB2"，单击[复制]按钮，此时界面弹出[确认复制文件到 U 盘]对话框（图 C2-6），选择[是]选项，完成程序复制到 U 盘。导入 U 盘界面如图 C2-7 所示。

图 C2-6　[外部存储]界面

图 C2-7　导入 U 盘界面

能力训练：机器人程序管理

1. 操作条件

1）广州数控工业机器人操作与运维实训平台。

2）《工业机器人 GR-C 控制系统　操作说明书》（2022 年 2 月第 7 版）。

2. 安全注意事项

1）禁止在工业机器人周围做出危险行为，接触工业机器人或周围机械有可能造成人身伤害。

2）在工厂内，为了确保安全，必须注意"严禁烟火""高电压""危险"等危险标志。当电气设备起火时，应使用二氧化碳灭火器灭火，切勿使用水或泡沫灭火器。

3）为防止发生危险，操作人员在操作工业机器人时必须穿戴好工作服、安全鞋、安全帽等安全用具。

4）安装工业机器人的区域除操作人员外，其他人不得靠近。

5）接触工业机器人控制柜、操作盘、工件及其他夹具等，有可能造成人身伤害。

6）禁止强制启动工业机器人、悬吊于工业机器人下、攀爬工业机器人，以免造成人身伤害或设备损坏。

7）禁止靠在工业机器人或其他控制柜上，不要随意按动开关或按钮，以免造成人身伤害或设备损坏。

8）当工业机器人处于通电状态时，禁止未经过专门培训的人员接触工业机器人控制柜和示教盒，否则错误操作会导致人身伤害或设备损坏。

3．操作过程

机器人程序管理的具体操作过程如表 C2-1 所示。

表 C2-1　机器人程序管理的具体操作过程

序号	步骤	操作方法及说明	质量标准
1	复制程序文件	新建程序文件"testemp01"，复制此程序文件并输入新的程序名"testemp02"，其显示在列表中	正确复制文件并且文件名正确
2	删除程序文件	从列表中删除"testemp01"程序文件	正确删除程序文件
3	重命名程序文件	将程序列表上的程序"testemp02"重命名为"testemp03"	操作过程正确
4	外部存储	将程序列表中的"testemp03"文件复制到 U 盘	正确复制文件至 U 盘
5	设备整理和清洁	整理设备、清洁工位，并填写设备使用记录	干净整洁

4．学习结果评价

学习结果评价如表 C2-2 所示。

表 C2-2　学习结果评价

序号	评价内容	评价标准	评价结果（是/否）
1	复制程序文件	正确复制文件并且文件名正确	
2	删除程序文件	正确删除程序文件	
3	重命名程序文件	操作过程正确	
4	外部存储	正确复制文件至 U 盘	
5	设备整理和清洁	干净整洁	

课后作业

1．简述重命名程序文件的方法。

2．如何将机器人程序复制到 U 盘中？

职业能力 C2-2　准确合理地编写机器人程序

【核心概念】

- 程序编辑：为使机器人完成某种任务而设置的动作顺序描述。

【学习目标】

- 掌握程序编辑方法，使机器人按照既定运动和作业指令完成运行。
- 认识机器人编程语言，了解各个指令的用法。
- 培养认真细致的工作态度和严谨负责的工作作风。

基本知识：各类指令操作_____

1. 添加指令

1）打开程序"testby02.prl"，进入[编辑]页面，将光标移到第 0006 行程序，如图 C2-8 所示。

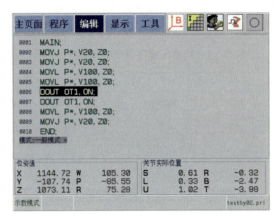

图 C2-8　打开程序

2）按[添加]键进入指令菜单，选择相应的指令→[2：信号处理]→[3：DELAY]，此时按[选择]键，系统插入延时指令 DELAY，添加 DELAY 指令后如图 C2-9 所示。

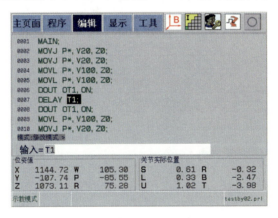

图 C2-9　添加 DELAY 指令后

3）在添加完 DELAY 指令后，编辑模式为修改模式，将光标移到时间设置"T"处，输入数值"1"（1 秒），按[输入]键完成时间的设置。

4）在[编辑]页面，按[TAB]键，显示区右上角会显示添加指令的历史记录，按右方向键可以将光标移动到历史记录列表，通过列表中的指令可快速完成编辑。快捷添加指令如图 C2-10 所示。

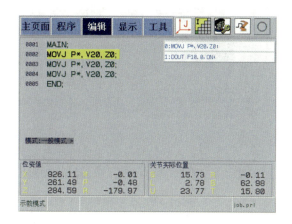

图 C2-10　快捷添加指令

2. 位置点修改

1）如果修改位置点时输入的示教点号已存在，则系统会弹出询问框；如果输入的示教点号不存在，如输入"P7"，则系统自动将机器人的当前位置记录为"P7"，且不弹出询问对话框。

2）若示教点号已存在，并在弹出的对话框中选择[是]选项，则系统会把 P1 示教点的位置数据赋予 P3 点，P1 和 P3 是同一个位置点数据；如果选择[否]选项，则将示教点替换。

3）修改完成后，按 F2 键，进入[程序]页面，系统完成程序修改结果的保存，如图 C2-11 所示。

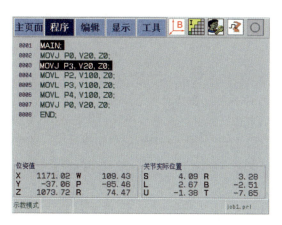

图 C2-11　位置点修改

3. 剪切指令

剪切第 0002～0004 行程序至第 0005 行程序后面的操作步骤如下。

1）进入[编辑]页面，将光标移到第 0002 行程序。

2）按[剪切]键，此时界面下方提示"选择剪切区域"，通过按方向键选择要剪切的指令区间，光标选至第 0004 行，剪切范围如图 C2-12 所示。

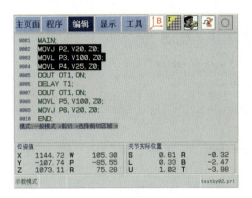

图 C2-12　剪切范围

3）按[剪切]键，此时界面下方提示"选择粘贴位置"，光标移至第 0005 行，按[剪切]键完成剪切操作，粘贴位置如图 C2-13 所示。

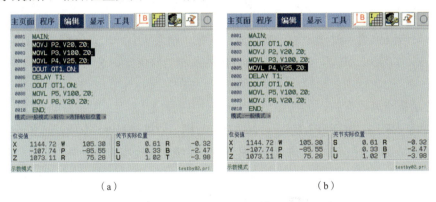

（a）　　　　　　　　　　　　　　　（b）

图 C2-13　粘贴位置

4. 整体替换

下面以"job1.prl"程序为例，整体替换运动指令 MOVJ 的速度 V，操作步骤如下。

1）进入[编辑]页面，按[修改]键进入修改模式。选择 MOVJ 的速度参数"V20"（如第 0002 行），使用数字键输入"60"，然后按[输入]键完成输入，速度修改如图 C2-14 所示。

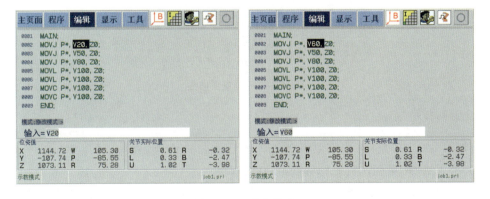

图 C2-14　速度修改

2）按[转换]+[输入]组合键，所有 MOVJ 运动指令的速度参数全部被替换为"V60"，如图 C2-15 所示。

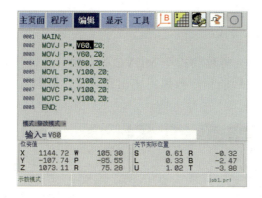

图 C2-15　MOVJ 运动指令的速度参数全部被替换

5. 类型格式转换

在[编辑]页面中按[修改]键进入修改模式，将光标移到指令 JUMP 处，按[转换]键，界面循环切换 3 种指令，修改格式如图 C2-16 所示。

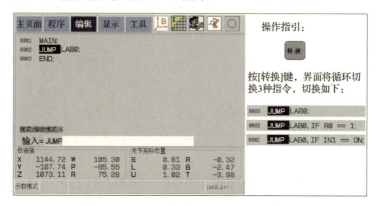

图 C2-16　修改格式

6. 单个变量转换

切换指令"JUMP LAB0, IF R0==1;"中的"R0"变量类型，具体操作步骤如下：先在[编辑]页面中按[修改]键进入修改模式，然后将光标移到"R0"处，按[转换]键，界面循环切换 R、I、B、D、1（常量）5 种类型，如图 C2-17 所示。

图 C2-17　修改变量

7. 运动指令插补方式的修改

先进入修改模式，将光标移到指令 MOVC 处；然后通过使能开关+[修改]键，切换至所需的插补方式，切换后的指令数值将使用默认值，根据需要自行修改，如图 C2-18 所示。

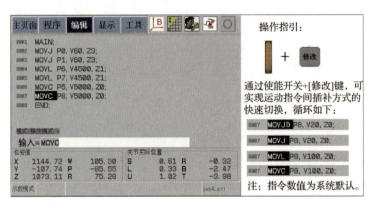

图 C2-18 修改插补

8. 查看变量值

在修改模式下，将光标移动到记录工具变量的指令处。如图 C2-19 所示，选中指令后按[选择]键则在界面右侧显示 NUM0 的值（即 0 号工具的数值），如图 C2-19 所示。同理，需要查看其他变量值时，同样把光标移动到记录变量的指令处，选中指令后按[选择]键即可查看。

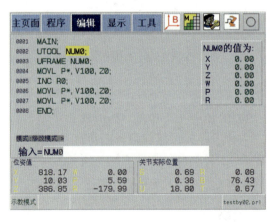

图 C2-19 查看变量值

9. 搜索指令

通过关键字查找指令，同时将光标定位到符合该关键字的指令处。若符合关键字的指令有多条，则通过上下方向键循环遍历各条符合关键字的指令。搜索方式有行号搜索方式、示教点搜索方式、标签号搜索方式、指令搜索方式、模糊搜索方式等。

在[编辑]页面模式为一般模式下，按[选择]键，则进入搜索模式，弹出[搜索方式]菜单，[编辑]页面如图 C2-20 所示。根据需求可运用不同的条件对程序进行搜索。

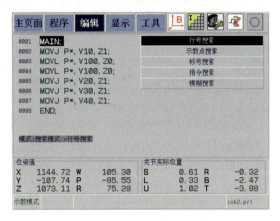

图 C2-20　[编辑]页面

能力训练：编写机器人程序

1. 操作条件

1）广州数控工业机器人操作与运维实训平台。

2）《工业机器人 GR-C 控制系统　操作说明书》（2022 年 2 月第 7 版）。

视频：机器人
基本程序编写

2. 安全注意事项

1）禁止在工业机器人周围做出危险行为，接触工业机器人或周围机械有可能造成人身伤害。

2）在工厂内，为了确保安全，必须注意"严禁烟火""高电压""危险"等危险标志。当电气设备起火时，应使用二氧化碳灭火器灭火，切勿使用水或泡沫灭火器。

3）为防止发生危险，操作人员在操作工业机器人时必须穿戴好工作服、安全鞋、安全帽等安全用具。

4）安装工业机器人的区域除操作人员外，其他人不得靠近。

5）接触工业机器人控制柜、操作盘、工件及其他夹具等，有可能造成人身伤害。

6）禁止强制启动工业机器人、悬吊于工业机器人下、攀爬工业机器人，以免造成人身伤害或设备损坏。

7）禁止靠在工业机器人或其他控制柜上，不要随意按动开关或按钮，以免造成人身伤害或设备损坏。

8）当工业机器人处于通电状态时，禁止未经过专门培训的人员接触工业机器人控制柜和示教盒，否则错误操作会导致人身伤害或设备损坏。

3. 操作过程

编写机器人程序的具体操作过程如表 C2-3 所示。

表 C2-3　编写机器人程序的具体操作过程

序号	步骤	操作过程及说明	质量标准
1	添加指令	按[添加]键进入指令菜单，选择相应的指令	正确添加指令
2	位置点修改	在[编辑]页面的修改模式下完成	位置点修改正确，机器人运行轨迹正常
3	剪切程序	按[剪切]键，此时界面下方提示"选择剪切区域"	正确剪切所选程序并且剪切完成
4	整体替换	进入[编辑]页面，按[修改]键进入修改模式，按[转换]+[输入]组合键，所有运动指令的速度参数全部被替换	正确替换所选程序并正确运行
5	类型格式转换	通过[转换]键切换 JUMP 指令的直接跳转、变量判断、信号判断 3 种类型	正确进行格式转换并正常运行
6	单个变量转换	通过[转换]键切换指令使用的变量类型或信号状态	单个变量转换完成
7	运动指令插补方式的修改	通过使能开关+[修改]键，运动指令的插补方式将循环切换	运动指令插补修改完成
8	查看变量值	在[编辑]页面中查看变量的值及所用工具用户坐标的位姿值	变量值查看完成
9	设备整理和清洁	整理设备、清洁工位，并填写设备使用记录	按规定清理好自己的工位

问题情境：

编辑程序对机器人本体有何重要性？

对机器人编程是使用某种特定的语言来描述机器人的动作轨迹，它通过对机器人动作的描述，使机器人按照既定运动和作业指令完成编程者想要的各种操作。通俗地讲，如果把硬件设施比作机器人的躯体，把控制器比作机器人的大脑，那么程序就是机器人的思维，让机器人知道自己该做什么，而人赋予机器人思维的过程就是编程。程序的有效性很大程度上决定了机器人完成任务的质量。

4. 学习结果评价

学习结果评价如表 C2-4 所示。

表 C2-4　学习结果评价

序号	评价内容	评价标准	质量标准
1	添加指令	正确添加指令	
2	位置点修改	位置点修改正确，机器人运行轨迹正常	
3	剪切程序	正确剪切所选程序并且剪切完成	
4	整体替换	正确替换所选程序并正确运行	
5	类型格式转换	正确进行格式转换并正常运行	
6	单个变量转换	单个变量转换完成	
7	运动指令插补方式的修改	运动指令插补修改完成	
8	查看变量值	变量值查看完成	
9	设备整理和清洁	按照规定清理好自己的工位	

课后作业

1. 简述运动指令中各参数的含义。
2. 如果编程语言顺序出现错误，该如何修改？
3. 使用整体替换时会对已经示教的点位造成什么影响？

工作任务 C3 机器人多种指令编程

职业能力 C3-1 正确使用运动指令控制机器人

【核心概念】

- 点到点插补：以点到点（point to point，PTP）方式移动到指定位。只记录机器人关节角信息，不支持坐标变换。
- 直线插补：以直线插补方式移动到指定位姿。
- 圆弧插补：以圆弧插补方式移动到指定位姿。

【学习目标】

- 掌握机器人运动指令及其使用方法。
- 能够编写复杂路径的机器人程序。
- 培养创意思维、发散思维。

基本知识：运动指令

运动指令有 MOVJ 指令、MOVJD 指令、MOVL 指令和 MOVC 指令。

1. MOVJ 指令

（1）功能

以 PTP 方式移动到指定位。只记录机器人关节角信息，不支持坐标变换。

（2）格式

```
MOVJ 位姿变量名 P*<示教点号>,V<速度>,Z<精度>,OFFSET<关节补偿>,E1<外部轴
1>,E2<外部轴 2>,EV<外部轴速度>,UNTIL;
```

（3）参数

1）位姿变量名：指定机器人的目标姿态。

2）P*：示教点号，系统添加该指令默认为"P*"，可以编辑示教点号，范围为 P0～P999。

3）V<速度>：指定机器人的运动速度，这里的运动速度是指与机器人设定的最大速度的百分比，取值范围为 1%～100%。

4）Z<精度>：指定机器人的精确到位情况，这里的精度表示精度等级。目前的等级为 0～8，共 9 个等级，Z0 表示精确到位，Z1～Z8 表示关节过渡。

5）OFFSET<关节补偿>：表示对已示教点进行关节补偿。

6）E1 和 E2 分别代表使用了外部轴 1、2，可单独使用，也可复合使用。

7）EV：表示外部轴速度。若为 0，则机器人与外部轴联动；若为非 0，则为外部轴的速度。

8）UNTIL：表示指令运行条件。若条件满足，则跳过当前指令；若条件不满足，则执行当前指令。

（4）说明

1）当执行 MOVJ 指令时，机器人以关节插补方式移动。

2）移动时，在机器人从起始位姿到结束位姿的整个运动过程中，各关节移动的行程相对于总行程的比例是相等的。

3）当 MOVJ 和 MOVJ 进行过渡时，过渡等级 Z1～Z8 结果相同；当 MOVJ 与 MOVL 或 MOVC 进行过渡时，过渡等级 Z1～Z8 才起作用。

2．MOVJD 指令

（1）功能

以点到点方式移动到指定位姿，记录机器人笛卡儿位姿信息与关节角信息，支持坐标系变换。

（2）格式

MOVJD 位姿变量名 P*<示教点号>,V<速度>/R<变量>,Z<精度>,OFFSET<关节补偿>/TOOLOFFSET<工具补偿>/USEROFFSET<位置补偿>,E1<外部轴 1>,E2<外部轴 2>,EV<外部轴速度>,UNTIL;

（3）参数

1）位姿变量名：指定机器人的目标姿态。

2）P*：示教点号，系统添加该指令默认为"P*"，可以编辑示教点号，范围为 P0～P999。

3）V<速度>：指定机器人的运动速度，这里的运动速度是指与机器人设定的最大速度的百分比，取值范围为 1%～100%。

4）R<变量>：通过变量指定机器人的运动速度。

5）Z<精度>：指定机器人的精确到位情况，这里的精度表示精度等级。目前的等级为 0～8，共 9 个等级，Z0 表示精确到位，Z1～Z8 表示关节过渡。

6）OFFSET<关节补偿>：表示对已示教点进行关节补偿。

7）TOOLOFFSET<工具补偿>：表示对已示教点进行工具补偿。

8）USEROFFSET<位置补偿>：表示对已示教点进行位置补偿。

9）E1 和 E2 分别代表使用了外部轴 1、2，可单独使用，也可复合使用。

10）EV：表示外部轴速度。若为 0，则机器人与外部轴联动；若为非 0，则为外部轴的速度。

11）UNTIL：表示指令运行条件。若条件满足，则跳过当前指令；若条件不满足，则执行当前指令。

3．MOVL 指令

（1）功能

以直线插补方式移动到指定位姿。

（2）格式

MOVL 位姿变量名 P*<示教点号>,V<速度>/R<变量>,Z<精度>/CR<半径>,OFFSET<关节补偿>/TOOLOFFSET<工具补偿>/USEROFFSET<位置补偿>,E1<外部轴 1>,E2<外部轴 2>,EV<外部轴速度>,UNTIL;

（3）参数

1）位姿变量名：指定机器人的目标姿态。

2）P*：示教点号，系统添加该指令默认为"P*"，可以编辑示教点号，范围为P0～P999。

3）V<速度>：指定机器人的运动速度，取值范围为0～9999mm/s，为整数。

4）R<变量>：通过变量指定机器人的运动速度。

5）Z<精度>：指定机器人的精确到位情况，这里的精度表示精度等级。目前的等级为0～8，共9个等级，Z0表示精确到位，Z1～Z8表示直线过渡，Z值越大，到位精度越低。

6）CR<半径>：表示直线以多少半径过渡，与 Z 不能同时使用，半径的范围为 1～6553.5mm。

7）OFFSET<关节补偿>：表示对已示教点进行关节补偿。

8）TOOLOFFSET<工具补偿>：表示对已示教点进行工具补偿。

9）USEROFFSET<位置补偿>：表示对已示教点进行位置补偿。

10）E1和E2分别代表使用了外部轴1、2，可单独使用，也可复合使用。

11）EV<外部轴速度>：表示外部轴速度。若为0，则机器人与外部轴联动；若为非0，则为外部轴的速度。

12）UNTIL：表示指令运行条件。若条件满足，则跳过当前指令；若条件不满足，则执行当前指令。

（4）说明

当执行 MOVL 指令时，机器人以直线插补方式运行。

4．MOVC 指令

（1）功能

以圆弧插补方式移动到指定位姿。

（2）格式

```
MOVC 位姿变量名  P*<示教点号>,V<速度>/R<变量>,Z<精度>,OFFSET<关节补偿>/
TOOLOFFSET<工具补偿>/USEROFFSET<位置补偿>,E1<外部轴 1>,E2<外部轴 2>,EV<外部轴速度>,
UNTIL;
```

（3）参数

1）位姿变量名：指定机器人的目标姿态。

2）P*：示教点号，系统添加该指令默认为"P*"，可以编辑示教点号，其范围为P0～P999。

3）V<速度>：指定机器人的运动速度，取值范围为1～9999mm/s，为整数。

4）R<变量>：通过变量指定机器人的运动速度。

5）Z<精度>：指定机器人的精确到位情况，这里的精度表示精度等级，范围为0～8。

6）OFFSET<关节补偿>：表示对已示教点进行关节补偿。

7）TOOLOFFSET<工具补偿>：表示对已示教点进行工具补偿。

8）USEROFFSET<位置补偿>：表示对已示教点进行位置补偿。

9）E1、E2、EV、UNTIL 同其他运动指令类似。

（4）说明

1）当执行 MOVC 指令时，机器人以圆弧插补方式移动。

2）3点或3点以上确定一条圆弧，若小于3点则系统报警。

3）直线和圆弧、圆弧和圆弧之间都可以过渡，即精度等级 Z 可为0～8。

（5）注释

执行第一条 MOVC 指令时，以直线插补方式到达。

能力训练：使用运动指令控制机器人

1. 操作条件

1）广州数控工业机器人操作与运维实训平台。

2）《工业机器人 GR-C 控制系统　操作说明书》（2022 年 2 月第 7 版）。

2. 安全及注意事项

1）禁止在工业机器人周围做出危险行为，接触工业机器人或周围机械有可能造成人身伤害。

2）为防止发生危险，操作人员在操作工业机器人时必须穿戴好工作服、安全鞋、安全帽等安全用具。

3）接触工业机器人控制柜、操作盘、工件及其他夹具等，有可能造成人身伤害。

4）禁止强制启动工业机器人、悬吊于工业机器人下、攀爬工业机器人，以免造成人身伤害或设备损坏。

5）禁止靠在工业机器人或其他控制柜上，不要随意按动开关或按钮，以免造成人身伤害或设备损坏。

6）当工业机器人处于通电状态时，禁止未经过专门培训的人员接触工业机器人控制柜和示教盒，否则错误操作会导致人身伤害或设备损坏。

3. 操作过程

使用运动指令控制机器人的具体操作过程如表 C3-1 所示。

表 C3-1　使用运动指令控制机器人的具体操作过程

序号	步骤	操作过程及说明	质量标准

1	编写 MOVJ 指令程序	MOVL P1,V30,Z0;
		MOVL P2,V30,Z0;
		MOVJ P3,V30,Z0,OFFSET,PX0;
		//将 PX0 中的值作为关节补偿至 P 点，以点到点方式移动到指//定位姿。
		//MOVJ 位姿变量名，P0<示教点号>，V30<速度>，Z0<精度>，
		//OFFSET<关节补偿> 对已示教点进行关节补偿
			程序编写正确，机器人运行轨迹正确

2	编写 MOVJD 指令程序	MOVJD P1,V30,Z0;
		MOVJD P2,V50,Z0;
		MOVJD P3,V60,Z0,TOOLOFFSET,PX1;
		//将 PX1 值作为工具坐标位置补偿至 P 点，以点到点方式移动//到指定位姿。
		//MOVJD 位姿变量名，P0<示教点号>，V60<速度>，Z0<精//度>，TOOLOFFSET<工具补偿> 对已示教点进行工具补偿
			程序编写正确，机器人运行轨迹正确

3	编写 MOVL 指令程序	MOVL P0,V30,Z1;
		MOVL P1,V40,Z0;
		MOVL P2,V50,Z1;
		//表示用 Z1 进行直线过渡，以直线插补方式移动到指定位姿。
		//MOVL 位姿变量名，P0<示教点号>，V30<速度>，Z1<精度>
			程序编写正确，机器人运行轨迹正确

续表

序号	步骤	操作过程及说明	质量标准

4	编写 MOVC 指令程序	MOVC P2,V50,Z1; //圆弧起点
		MOVC P3,V50,Z1; //圆弧中点
		MOVC P4,V50,Z1; //圆弧终点
		//以圆弧插补方式移动到指定位姿。
		//MOVC 位姿变量名,P0<示教点号>,V50<速度>,Z1<精度>
			程序编写正确，机器人运行轨迹正确

5	综合训练	公司接收到一个字母（下图）焊接任务，要求技术员编写工业机器人程序 W F G C	程序编写正确，机器人运行轨迹正确
6	设备整理和清洁	清理工位	按规定清理好自己的工位

问题情境一：

圆弧指令中相邻点的选取原则是什么？

在圆弧指令的示教点选取上，应避免相邻两点距离太近，否则圆弧的轨迹精度将会下降。圆弧指令取点如图 C3-1 所示。

图 C3-1 圆弧指令取点

问题情境二：

当圆弧的起点与上一条运动指令的目标点不重合时，程序如何进行衔接？

当圆弧的起点与上一条运动指令的目标点不重合时，系统将以直线运动方式从该目标点运动到圆弧的起点，圆弧指令自动插入直线，如图 C3-2 所示。

图 C3-2 圆弧指令自动插入直线

问题情境三：

运动指令中精度的大小对轨迹有何影响？

过渡等级分为 Z1~Z8 等级，Z 值越大，过渡半径越大，机器人的运行效率越高。如图 C3-3 左边的示例程序，当改变第二条指令的精度等级时，实际运动轨迹如图 C3-3 右边图所示。

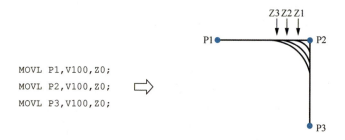

```
MOVL P1,V100,Z0;
MOVL P2,V100,Z0;
MOVL P3,V100,Z0;
```

图 C3-3　实际运动轨迹

4. 学习结果评价

学习结果评价如表 C3-2 所示。

表 C3-2　学习结果评价

序号	评价内容	评价标准	评价结果（是/否）
1	编写 MOVJ 指令程序	正确完成 MOVJ 指令的程序编写	
2	编写 MOVJD 指令程序	正确完成 MOVJD 指令的程序编写	
3	编写 MOVL 指令程序	正确完成 MOVL 指令的程序编写	
4	编写 MOVC 指令程序	正确完成 MOVC 指令的程序编写	
5	综合训练	程序编写正确，机器人运行轨迹正确	
6	设备整理和清洁	能按照规定程序整理设备，并对设备进行清洁，完成后正确填写设备使用记录	

课后作业

1. 运动指令有哪些？
2. 解释"MOVL P1,V30,Z1;"程序中各部分的含义。
3. 简述使用圆弧指令画圆时需要注意的问题。

职业能力 C3-2　正确使用信号处理指令控制机器人

【核心概念】

- 信号处理指令：机器人接收、控制外部信号的指令。
- I/O：机器人输入/输出信号。

【学习目标】

- 熟练掌握信号处理指令及其使用方法。
- 使用信号处理指令进行机器人编程操作，并使机器人顺利运行。
- 培养勤于思考、善于总结、勇于探索的科学精神。

基本知识：信号处理指令

信号处理指令有 DOUT 指令、DIN 指令、WAIT 指令、DELAY 指令。

1. DOUT 指令

（1）功能

数字信号输出 I/O 置位指令。

（2）格式

```
DOUT  F<系统输出信号>,ON/OFF,STARTP/ENDP,DS<距离(mm)>/T<时间(sec)>;
DOUT  OT<外部输出信号>,ON/OFF,STARTP/ENDP,DS<距离(mm)>/T<时间(sec)>;
DOUT  OG<输出组端口号>,<变量/常量>;
```

（3）参数

1）F<系统输出信号>：指定需要设置的 I/O 端口，范围为[F000.0-F255.7]。

2）OT<外部输出信号>：指定需要设置的 I/O 端口，范围为 OT8～OT1023。

3）ON/OFF：设置为 ON 时，相应 F 信号置 "1"，即高电平；设置为 OFF 时，相应 F 信号置 "0"，即低电平。

4）OG<输出端口组号>：指定需要设置的输出组端口，范围为 1～119。

输出组端口默认 8 个 I/O 信号为一组。例如，OG1 在 PLC 模式下表示[F010.0～F010.7]，在非 PLC 模式下表示 OT8～OT15。

5）STARTP/ENDP：相对于起点还是终点。STARTP 是相对于该指令前的运动指令来说的，ENDP 是相对于该指令后的运动指令来说的。

6）DS<距离（mm）>：相对于起点或终点的距离值，且需使用 MOVL 指令做起点或终点参照。

7）T<时间（sec）>：相对于起点或终点的时间值。当系统速度设置为 100%情况下时间准确，其他挡位都将造成时间计算错误。

8）<变量/常量>：可以是常量、B<变量号>、I<变量号>、D<变量号>、R<变量号>。变量号的范围为 0～99。

2. DIN 指令

（1）功能

将输入信号状态读入变量。

（2）格式

```
DIN  <变量>,G<输入端口号>;
DIN  <变量>,IN<输入端口号>;
DIN  <变量>,IG<输入组号>;
```

（3）参数

1）<变量>：可以是 B<变量号>、I<变量号>、D<变量号>、R<变量号>。变量号的范围为 0～99。

2）G<输入端口号>：范围为[F000.0-F255.7]。

3）IN<输入端口号>：范围为 IN0～IN1023。

4）IG<输入组号>：范围为 1～119。输入组号默认 8 个 I/O 信号为一组。例如，IG1 在 PLC 模式下表示[G010.0～G010.7]，在非 PLC 模式下表示 IN8～IN15。

3. WAIT 指令

（1）功能

在设定时间内等待外部信号状态执行相应功能。

（2）格式

```
WAIT   G<系统输入信号>,ON/OFF,T<时间(sec)>LAB<标签号>;
WAIT   F<系统输出信号>,ON/OFF,T<时间(sec)>LAB<标签号>;
WAIT   IN<外部输入信号>,ON/OFF,T<时间(sec)>LAB<标签号>;
WAIT   OT<外部输出信号>,ON/OFF,T<时间(sec)>LAB<标签号>;
WAIT   IG<输入端口组号>,<变量/常量>,T<时间(sec)>LAB<标签号>;
WAIT   OG<输出端口组号>,<变量/常量>,T<时间(sec)>LAB<标签号>;
```

（3）参数

1）G<系统输入信号>：范围为[G000.0-G255.7]。

2）F<系统输出信号>：范围为[F000.0-F255.7]。

3）IN<外部输入信号>：范围为 IN0～IN1023。

4）OT<外部输出信号>：范围为 OT0～OT1023。

5）IG<输入端口组号>：指定相应的输入组端口，范围为 1～119。

6）OG<输出端口组号>：指定相应的输出组端口，范围为 1～119。

7）<变量/常量>：可以是常量、B<变量号>、I<变量号>、D<变量号>、R<变量号>。变量号的范围为 0～99。

8）T<时间（sec）>：指定等待时间，单位为 s，范围为 0.0～900.0s。

9）LAB<标签号>：当条件不满足时，跳转至指定标签号。

（4）说明

编辑 WAIT 指令时，若等待时间 $T=0$（s），则 WAIT 指令执行时会等待无限长时间，直至输入信号的状态满足条件；若 $T>0$（s），则 WAIT 指令执行时，在等待相应的时间 T 而输入信号的状态未满足条件时，程序会继续顺序执行。

4. DELAY 指令

（1）功能

为机器人延时运行指定时间。

（2）格式

```
DELAY T<时间(sec)>/B<变量号>/I<变量号>/D<变量号>/R<变量号>;
```

（3）参数

1）T<时间（sec）>：指定延迟时间，单位为 s，范围为 0.0～900.0（s）。

2）B<变量号>：以变量值指定延迟时间，单位为 ms，范围为 0～99。

3）I<变量号>：以变量值指定延迟时间，单位为 ms，范围为 0～99。

4）D<变量号>：以变量值指定延迟时间，单位为 ms，范围为 0～99。

5）R<变量号>：以变量值指定延迟时间，单位为 ms，范围为 0～99。

（4）说明

当程序结束时，该计时仍然有效，但断电不记忆。

能力训练：使用信号处理指令控制机器人

1. 操作条件

1）广州数控工业机器人操作与运维实训平台。

2）《工业机器人 GR-C 控制系统　操作说明书》（2022 年 2 月第 7 版）。

2. 安全及注意事项

1）禁止在工业机器人周围做出危险行为，接触工业机器人或周围机械有可能造成人身伤害。

2）为防止发生危险，操作人员在操作工业机器人时必须穿戴好工作服、安全鞋、安全帽等安全用具。

3）接触工业机器人控制柜、操作盘、工件及其他夹具等，有可能造成人身伤害。

4）禁止强制启动工业机器人、悬吊于工业机器人下、攀爬工业机器人，以免造成人身伤害或设备损坏。

5）禁止靠在工业机器人或其他控制柜上，不要随意按动开关或按钮，以免造成人身伤害或设备损坏。

6）当工业机器人处于通电状态时，禁止未经过专门培训的人员接触工业机器人控制柜和示教盒，否则错误操作会导致人身伤害或设备损坏。

3. 操作过程

使用信号处理指令控制机器人的具体操作过程如表 C3-3 所示。

视频：机器人物料
搬运

表 C3-3　使用信号处理指令控制机器人的具体操作过程

序号	步骤	操作过程及说明	质量标准

1	编写 DOUT 指令程序	编写如下程序，查看机器人输出效果。
		MAIN;
		MOVL P2,V30,Z0;
		DOUT OT384,ON,STARTP,DS100;//当离 P2 目标点 100mm 时，
		　　//系统输出信号"OT384"将置 ON
		MOVL　P3,V30,Z0;
		DOUT　OT384,OFF,ENDP,DS100;//当离 P3 目标点 100mm 时，
		　　//系统输出信号"OT384"将置 OFF
		MOVLP4,V30,Z0;
		END;
			程序编写正确，机器人运行结果正确

2	编写 DIN 指令程序	编写如下程序，查看机器人运行结果。
		MAIN;　　　　//程序开始
		LAB0;　　　　//标签号 0
		DIN R1,G0.0;　//把 G0.0 的状态存储到变量 R1 中
		JUMP LAB1,IF R1==0;//当 R1 等于 0 时，程序跳转到标签号 1，
		　　　　　　//结束程序；当 R1 不等于 0 时，程序顺序执行
		DELAY T5;//延时 5s
		DIN R1,IG0;　//把输入的第 0 组二进制信号数据存储到十进制
		　　　　//数变量 R1 中
		LAB1:　　　　//标签号 1
		END;　　　　//结束程序
			程序编写正确，机器人运行结果正确

续表

序号	步骤	操作过程及说明	质量标准

3	编写 WAIT 指令程序	编写如下程序，查看机器人运行结果。
		MAIN;
		WAIT IN384,ON,T3;　//在执行该指令时,若在 3s 内接收到
		　　　　　　　　　//IN384=ON,则程序马上顺序运行;
		　　　　　　　　　//若在 3s 内等不到 IN384=ON,程序也会
		　　　　　　　　　//顺序执行
		MOVL P1,V30,Z0;　//移动到示教点 P1
		WAIT IN385,ON,T0;　//一直等待输入信号 IN385 的状态,
		　　　　　　　　　//满足条件后程序向下执行
		MOVL P2,V30,Z0;　//移动到示教点 P2
		END;
			程序编写正确，机器人运行结果正确

4	编写 DELAY 指令程序	编写如下程序，查看机器人运行结果。
		MAIN;
		MOVJ P1,V6,Z0;
		DELAY T5.6;　　　　　//延时 5.6s 后结束程序
		END;
			程序编写正确，机器人运行结果正确

5	搬运圆形工件	编写程序，验证机器人运行效果。 使用机器人搬运圆形工件，运行轨迹如下图所示，请编写程序实现 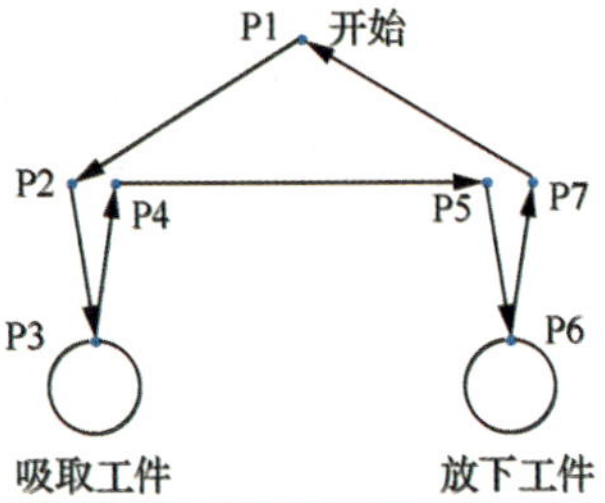 	独立编写程序，并且安全运行
6	设备整理和清洁	整理设备、清洁工位，并填写设备使用记录	干净、整洁

问题情境：

编程指令中常用的关系操作符有哪些？

1）==：等值比较符号，相等时为 TRUE，否则为 FALSE。

2）>：大于比较符号，大于时为 TRUE，否则为 FALSE。

3）<：小于比较符号，小于时为 TRUE，否则为 FALSE。

4）>=：大于或等于比较符号，大于或等于时为 TRUE，否则为 FALSE。

5）<=：小于或等于比较符号，小于或等于时为 TRUE，否则为 FALSE。

6）<>：不等于符号，不等于为 TRUE，否则为 FALSE。

4. 学习结果评价

学习结果评价如表 C3-4 所示。

表 C3-4　学习结果评价

序号	评价内容	评价标准	评价结果（是/否）
1	编写 DOUT 指令程序	程序编写正确，机器人运行结果正确	
2	编写 DIN 指令程序	程序编写正确，机器人运行结果正确	
3	编写 WAIT 指令程序	程序编写正确，机器人运行结果正确	
4	编写 DELAY 指令程序	程序编写正确，机器人运行结果正确	
5	搬运圆形工件	独立编写程序，并且安全运行	
6	设备整理和清洁	干净、整洁	

课后作业

1. 信号处理指令有哪些？
2. DELAY 指令的功能是什么？一般用在程序的哪些地方？
3. 写出程序"WAIT IN385,ON,T3;"的功能。

职业能力 C3-3　正确使用流程控制指令编写程序

【核心概念】

- 流程控制指令：可令机器人通过编程进行逐个操作的指令。
- 子程序：可以提高程序的可移植性，避免程序重复，最重要的是降低程序的复杂性。

【学习目标】

- 熟练掌握流程控制指令及其使用方法。
- 使用流程控制指令编写循环程序。
- 使用流程控制指令调用子程序。
- 培养耐心细致的工作态度和踏实严谨的工作作风。

基本知识：流程控制指令

流程控制指令有 IF 指令、ENDIF 指令、LAB 指令、JUMP 指令、#注释指令、END 指令等。

1. IF 指令

（1）功能
判断是否进入 IF 与 ENDIF 之间的语句。
（2）格式

IF<变量/常量><比较符><变量/常量>;

（3）参数
1) <变量/常量>：可以是常量、B<变量号>、I<变量号>、D<变量号>、R<变量号>。变量号的范围为 0~99。
2) <比较符>：指定比较方式，包括= =、> =、< =、>、<和< >。
（4）说明
与 ENDIF 指令配合使用，IF 与 ENDIF 指令之间不能嵌套其他跳转指令，并且多个 IF 指令只能配对最先出现的那个 ENDIF 指令。

2. ENDIF 指令

（1）功能
结束 IF 指令。

（2）格式

```
ENDIF;
```

（3）说明

与 IF 指令配合使用，多个 IF 指令只能对应一个 ENDIF 指令。

3. LAB 指令

（1）功能
标明要跳转到的语句。

（2）格式

```
LAB<标签号>:
```

（3）参数

<标签号>：指定标签号，范围为 0～99。

（4）说明

与 JUMP 指令配合使用，标签号不允许重复，最多能用 100 个标签号。

4. JUMP 指令

（1）功能
跳转到指定标签号，常与 LAB 指令配对使用。

（2）格式

```
JUMP LAB<标签号>;
JUMP LAB<标签号>,IF<变量/常量><比较符><变量/常量>;
JUMP LAB<标签号>,IF G<输入端口><比较符><ON/OFF>;
```

（3）参数

1）LAB<标签号>：指定标签号，取值范围为 0～99。

2）<变量/常量>：可以是常量、B<变量号>、I<变量号>、D<变量号>、R<变量号>。变量号的范围为 0～99。

3）<比较符>：指定比较方式，包括＝＝、＞＝、＜＝、＞、＜和＜＞。

4）G<输入端口>：指定需要比较的输入信号，范围为[G000.0-G255.7]。

（4）说明

1）JUMP 指令必须与 LAB 指令配合使用，否则程序会报错"匹配错误：找不到对应的标签号"。

2）当执行 JUMP 语句时，如果不指定条件，则直接跳转到指定标签号。若指定条件，则只有符合相应条件才跳转到指定标签号；如果不符合相应条件，则直接运行下一条语句。

5. #注释指令

（1）功能
注释语句。

（2）格式

#<注释语句>

（3）说明

前面添加"#"指令，表示不执行该程序行。若对已被注释的指令进行注释，则可取消该指令的注释状态，即反注释。

6. END 指令

（1）功能
结束程序。
（2）格式

END;

（3）说明

程序运行到程序段 END 时，停止示教检查或再现运行状态，其后面的程序不再被执行。

7. CALL 指令

（1）功能
调用指定程序，最多 20 层，可嵌套调用。
（2）格式

CALL JOB;
CALL JOB,IF<变量/常量><比较符><变量/常量>;
CALL JOB,IF G<输入端口><比较符><ON/OFF>;

（3）说明

1）JOB：程序文件名称。

2）<变量/常量>：可以是常量、B<变量号>、I<变量号>、D<变量号>、R<变量号>。变量号的范围为 0～99。

3）<比较符>：指定比较方式，包括==、>=、<=、>、<和<>。

4）G<输入端口>：指定需要比较的输入端口，取值范围为[G000.0-G255.7]。

5）IN<输入端口>：指定需要比较的输入端口，取值范围为[IN8-IN1023]。

8. RET 指令

（1）功能
子程序调用返回。
（2）格式

RET;

（3）说明

在被调用程序中出现，运行后将返回调用程序，否则不会返回主程序，并且系统报警。

能力训练：使用流程控制指令控制机器人

1. 操作条件

1）广州数控工业机器人操作与运维实训平台。

2）《工业机器人 GR-C 控制系统　操作说明书》（2022 年 2 月第 7 版）。

2. 安全及注意事项

1）禁止在工业机器人周围做出危险行为，接触工业机器人或周围机械有可能造成人身伤害。

2）为防止发生危险，操作人员在操作工业机器人时必须穿戴好工作服、安全鞋、安全帽等安全用具。

3）接触工业机器人控制柜、操作盘、工件及其他夹具等，有可能造成人身伤害。

4）禁止强制启动工业机器人、悬吊于工业机器人下、攀爬工业机器人，以免造成人身伤害或设备损坏。

5）禁止靠在工业机器人或其他控制柜上，不要随意按动开关或按钮，以免造成人身伤害或设备损坏。

6）当工业机器人处于通电状态时，禁止未经过专门培训的人员接触工业机器人控制柜和示教盒，否则错误操作会导致人身伤害或设备损坏。

3. 操作过程

使用流程控制指令控制机器人的基本操作过程如表 C3-5 所示。

视频：机器人固定次数循环程序

表 C3-5　使用流程控制指令控制机器人的基本操作过程

序号	步骤	基本操作过程	质量标准
1	编写 IF 指令程序	编写如下程序，并查看程序运行结果。 MAIN;　　　　//程序开始 IF IO>=0;　//当 IO 满足条件时,执行运动指令 MOVJ P0,V20,Z0;　　//若不满足条件,则跳过 P0 点结束程序 INC B1;　　　　//每运行一次该指令,变量 B1 的数值加 1 ENDIF;　　　　//结束 IF 指令的条件 END;　　　　//结束程序	程序编写正确，机器人程序运行正确

2	编写 LAB 指令程序	编写如下程序，并查看程序运行结果。
		MAIN;　　　　//程序开始
		LAB1:　　　　//标签号 1
		SET B1,0;　　//将 B1 变量清零
		LAB0:　　　　//标签号 0
		MOVJ P1,V30,Z0;　//移动到示教点 P1
		MOVL P2,V30,Z0;　//移动到示教点 P2
		INC B1;　　　　//每运行一次该指令,变量 B1 的数值
		　　　　　　　//加 1
		JUMP LAB0,IF B1<=5;//当 B1 满足条件时跳转至标签号 0,
		　　　　　　　//若不满足条件则顺序执行
		JUMP LAB1,IF G0.0==ON;　//当 G0.0 满足条件时跳转至标
		　　　　　　　//签号 1,若不满足条件则顺序执行
		END;　　　　//结束程序
			程序编写正确，机器人程序运行正确

序号	步骤	基本操作过程	质量标准

3	编写 CALL 和 RET 指令程序	编写如下程序，并查看程序运行结果。
		新建主程序 "TEXTMN" 和子程序 "TEXTJB"。
		1）编写主程序 "TEXTMN"：
		`MAIN;`
		`MOVJ P1,V100,Z0;`
		`CALL TEXTJB;`　　　//调用子程序"TEXTJB"
		`END;`
		2）编写子程序 "TEXTJB"：
		`MAIN;`
		`MOVJ P1,V100,Z0;`
		`RET;`　　　　//返回主程序"TEXTMN"
		`END;`
			程序编写正确，机器人程序运行正确

4	设备整理和清洁	整理设备、清洁工位，并填写设备使用记录	干净、整洁

问题情境：

简述流程控制结构。

（1）顺序结构

程序从上到下逐行执行，中间没有任何判断和跳转。

（2）分支结构

根据条件，选择性地执行某段代码。

有 if…else 和 switch…case 两种分支语句。

（3）循环结构

根据循环条件，重复执行某段代码。

有 while、do…while、for 三种循环语句。

4. 学习结果评价

学习结果评价如表 C3-6 所示。

表 C3-6　学习结果评价

序号	评价内容	评价标准	评价结果（是/否）
1	编写 IF 指令程序	程序编写正确，机器人程序运行正确	
2	编写 LAB 指令程序	程序编写正确，机器人程序运行正确	
3	编写 CALL 和 RET 指令程序	程序编写正确，机器人程序运行正确	
4	设备整理和清洁	干净、整洁	

课后作业

1. 什么情况下使用流程控制指令？

2. 判断下面程序中的 P1 和 P2 循环运行了几次？

```
MAIN;
SET B1,0;
LAB1:
MOVJ P1,V30,Z0;
```

```
MOVL P2,V30,Z0;
INC B1;
JUMP LAB0,IF B1<5;
END;
```

C3-4 **正确使用运算指令控制机器人**

【核心概念】

- 运算指令：进行程序中的运算，当运算完成且达到目的之后机器人才执行操作。
- 逻辑指令：对数据进行逻辑操作。
- 外部指令：主要用于机器人与外部设备进行 Modbus/TCP 通信时，寄存器与变量和 I/O 的信息交互。
- 三角函数指令：进行正切、正弦、余弦、反正切、反正弦、反余弦运算，将结果存入操作数中。

【学习目标】

- 熟练掌握运算指令及其使用方法。
- 认识算术运算指令在机器人程序编程中的重要性。
- 培养凝神聚力、精益求精、追求极致的职业品质。

基本知识：运算指令

运算指令有算术运算指令、逻辑运算指令、外部运算指令、三角函数指令。

1. 算术运算指令

算术运算指令有 INC、DEC、ADD、SUB、MUL、DIV、MOD、SET、SETE、GETE 指令。

（1）INC 指令

1）功能：

在指定操作数的数值上加 1。

2）格式：

```
INC <操作数>;
```

3）参数：

<操作数>：可以是 B<变量号>、I<变量号>、D<变量号>、R<变量号>。变量号的范围为 0～9。

（2）DEC 指令

1）功能：

在指定操作数的数值上减 1。

2）格式：

```
DEC <操作数>;
```

3）参数：

<操作数>：可以是 B<变量号>、I<变量号>、D<变量号>、R<变量号>。变量号的范围为 0～99。

（3）ADD 指令

1）功能：

加法运算。

2）格式：

```
ADD <操作数 1>,<操作数 2>;
```

说明：

操作数 1 和操作数 2 相加，结果存入操作数 1 中。

```
ADD <操作数 1>,<操作数 2>,<操作数 3>;
```

说明：

操作数 2 和操作数 3 相加，结果存入操作数 1 中。

```
ADD <操作数 1>,<操作数 2>,<操作数 3>,<操作数 4>;
```

说明：

操作数 2、操作数 3 和操作数 4 相加，结果存入操作数 1 中。

3）参数：

① <操作数 1>：可以是 B<变量号>、I<变量号>、D<变量号>、R<变量号>、PX<变量号>。变量号的范围为 0～99。

② <操作数 2>、<操作数 3>、<操作数 4>：可以是常数，也可以是 B<变量号>、I<变量号>、D<变量号>、R<变量号>、PX<变量号>。变量号的范围为 0～99。

（4）SUB 指令

1）功能：

减法运算。

2）格式：

```
SUB <操作数 1>,<操作数 2>;
```

说明：

操作数 1 与操作数 2 相减，结果存入操作数 1 中。

```
SUB <操作数 1>,<操作数 2>,<操作数 3>;
```

说明：

操作数 2 与操作数 3 相减，结果存入操作数 1 中。

```
SUB <操作数 1>,<操作数 2>,<操作数 3>,<操作数 4>;
```

说明：

操作数 2 与操作数 3 和操作数 4 相减，结果存入操作数 1 中。

3）参数：

<操作数 1>、<操作数 2>、<操作数 3>、<操作数 4>与 ADD 指令中的操作数一样。

（5）MUL 指令

1）功能：

乘法运算。

2）格式：

```
MUL <操作数1>,<操作数2>;
```

说明：

操作数1与操作数2相乘，结果存入操作数1中。

```
MUL <操作数1>,<操作数2>,<操作数3>;
```

说明：

操作数2与操作数3相乘，结果存入操作数1中。

```
MUL <操作数1>,<操作数2>,<操作数3>,<操作数4>;
```

说明：

操作数2与操作数3和操作数4相乘，结果存入操作数1中。

3）参数：

① <操作数1>可以是B<变量号>、I<变量号>、D<变量号>、R<变量号>。变量号的范围为0～99。

② <操作数2>、<操作数3>、<操作数4>可以是常数，也可以是B<变量号>、I<变量号>、D<变量号>、R<变量号>。变量号的范围为0～99。

（6）DIV指令

1）功能：

除法运算。

2）格式：

```
DIV <操作数1>,<操作数2>;
```

说明：

操作数1除以操作数2，结果存入操作数1中。

```
DIV <操作数1>,<操作数2>,<操作数3>;
```

说明：

操作数2除以操作数3，结果存入操作数1中。

```
DIV<操作数1>,<操作数2>,<操作数3>,<操作数4>;
```

说明：

操作数2除以操作数3再除以操作数4，结果存入操作数1中。

3）参数：

<操作数1>、<操作数2>、<操作数3>、<操作数4>与MUL指令中的操作数一样。

（7）MOD指令

1）功能：

取余运算。

2）格式：

```
MOD <操作数1>,<操作数2>;
```

说明：

操作数 1 除以操作数 2，结果取余，存入操作数 1 中。

```
MOD <操作数1>,<操作数2>,<操作数3>;
```

说明：

操作数 2 除以操作数 3，结果取余，存入操作数 1 中。

```
MOD<操作数1>,<操作数2>,<操作数3>,<操作数4>;
```

说明：

操作数 2 除以操作数 3 后结果取余，再除以操作数 4，结果取余，存入操作数 1 中。

3）参数：

<操作数 1>、<操作数 2>、<操作数 3>、<操作数 4>与 MUL 指令中的操作数一样。

（8）SET 指令

1）功能：

把操作数 2 的值赋给操作数 1。

2）格式：

```
SET <操作数1>,<操作数2>;
```

3）参数：

<操作数 1>、<操作数 2>与 ADD 指令中的操作数一样。

4）示例：

```
SET B0,5;    //将B0置5
```

（9）SETE 指令

1）功能：

把操作数 2 的值赋给笛卡儿位姿变量中的元素。

2）格式：

```
SETE PX<变量号> (元素号),<操作数2>;
```

3）参数：

① <变量号>：范围为 0～99。

② （元素号）：范围为 0～6。0 表示给 PX 变量的全部元素赋同样的值。

③ <操作数 2>：可以是 R<变量号>或双精度整数型常量。

（10）GETE 指令

1）功能：

把笛卡儿位姿变量中的元素的值赋给操作数 1。

2）格式：

```
GETE <操作数1>,PX<变量号> (元素号);
```

3）参数：

① <操作数 1>是 R<变量号>。

② <变量号>：范围为 0～99。

③ （元素号）：范围为 1～6。

2. 逻辑运算指令

逻辑运算指令有 AND、OR、NOT、XOR 指令。

（1）AND

1）功能：

把操作数 1 与操作数 2 进行逻辑与，结果存入操作数 1 中。

2）格式：

    AND <操作数 1>,<操作数 2>;

3）参数：

① <操作数 1>是 B<变量号>，变量号的范围为 0～99。

② <操作数 2>可以是常量，也可以是 B<变量号>，变量号的范围为 0～99。

4）示例：

    SET B0,5; //$(00000101)_2$
    AND B0,6; //$(00000101)_2 \& (00000110)_2 = (00000100)_2 = (4)_{10}$

此时 B0 的值为 4。

（2）OR 指令

1）功能：

把操作数 1 与操作数 2 进行逻辑或，结果存入操作数 1 中。

2）格式：

    OR <操作数 1>,<操作数 2>;

3）参数：

<操作数 1>、<操作数 2>与 AND 指令中的操作数一样。

4）示例：

    SET B0,5; //$(00000101)_2$
    OR B0,6; //$(00000101)_2 | (00000110)_2 = (00000111)_2 = (7)_{10}$

此时 B0 的值为 7。

（3）NOT 指令

1）功能：

取操作数 2 的逻辑非，结果存入操作数 1 中。

2）格式：

    NOT <操作数 1>,<操作数 2>;

3）参数：

<操作数 1>、<操作数 2>与 AND 指令中的操作数一样。

4）示例：

    SET B0,5;   //$(00000101)_2$
    NOT B0,B0; //$\sim (00000101)_2 = (11111010)_2 = (250)_{10}$

此时 B0 的值为 250。

（4）XOR 指令

1）功能：

把操作数 1 与操作数 2 进行逻辑异或，结果存入操作数 1 中。

2）格式：

```
XOR <操作数1>,<操作数2>;
```

3）参数：

<操作数 1>、<操作数 2>与 AND 指令中的操作数一样。

4）示例：

```
SET B0,5;  //(00000101)₂
XOR B0,6;  //(00000101)₂∧(00000110)₂=(00000011)₂=(3)₁₀
```

此时 B0 的值为 3。

3. 外部运算指令

外部运算指令有 MSET、MGET 指令。

（1）MSET 指令

1）功能：

将变量值写入外部寄存器。

2）格式：

```
MSET AO<变量号>,B/I/D/R/PX<变量号>;
```

说明：

把机器人变量值写入外部变量输出寄存器。

```
MSET DO <变量号>,F/G/OT/IN/OG/IG<端口号>;
```

说明：

把机器人 I/O 值写入外部 I/O 输出寄存器。

```
MSET DEVID,常数/ B/I/D/R/PX <变量号>;
```

说明：

作为备用。

（2）MGET 指令

1）功能：

读外部寄存器数据。

2）格式：

```
MGET B/I/D/R/PX<变量号>,AI<变量号>;
```

说明：

读外部变量输入寄存器中的值到机器人变量中。

```
MGET B/I/D/R/PX<变量号>,AO<变量号>;
```

说明：

读外部变量输出寄存器中的值到机器人变量中。

```
MGET F/G/OT/IN/OG/IG<端口号>,DI<变量号>;
```

说明：

读外部 I/O 输入寄存器中的值到机器人 I/O 上。

```
MGET F/G/OT/IN/OG/IG<端口号>,DO<变量号>;
```

说明：

读外部 I/O 输出寄存器中的值到机器人 I/O 上。

4. 三角函数指令

三角函数指令有 TAN、SIN、COS、ATAN、ASIN、ACOS 指令。

（1）TAN 指令

1）功能：

把操作数 1 与操作数 2 进行正切运算，结果存入操作数 1 中。

2）格式：

```
TAN <操作数 1>,<操作数 2>;
TAN <操作数 1>,<操作数 2>,PI;
```

3）参数：

① <操作数 1>是 R<变量号>，变量号的范围为 0~99。

② <操作数 2>可以是常量，也可以是 B、I、D、R 变量，变量号的范围为 0~99。

③ PI 表示<操作数 2>是弧度。

4）示例：

```
SET R1,45;
TAN R0,R1; //R0 = tan(R1)= 1
```

此时 R0 的值为 1。

（2）SIN 指令

1）功能：

把操作数 1 与操作数 2 进行正弦运算，结果存入操作数 1 中。

2）格式：

```
SIN <操作数 1>,<操作数 2>;
SIN <操作数 1>,<操作数 2>,PI;
```

3）参数：

<操作数 1>、<操作数 2>与 TAN 指令中的操作数一样。

4）示例：

```
SET R1,30;
SIN R0,R1;   //R0 = sin(R1)= 0.5
```

此时 R0 的值为 0.5。

（3）COS 指令

1）功能：

把操作数 1 与操作数 2 进行余弦运算，结果存入操作数 1 中。

2）格式：

```
COS <操作数 1>,<操作数 2>;
COS <操作数 1>,<操作数 2>,PI;
```

3）参数：

<操作数 1>、<操作数 2>与 TAN 指令中的操作数一样。

4）示例：

```
SET R1,60;
COS R0,R1; //R0 = cos(R1)= 0.5
```

此时 R0 的值为 0.5。

（4）ATAN 指令

1）功能：

把操作数 1 与操作数 2 进行反正切运算，结果存入操作数 1 中。

2）格式：

```
ATAN <操作数 1>,<操作数 2>;
ATAN <操作数 1>,<操作数 2>,PI;
```

3）参数：

<操作数 1>、<操作数 2>与 TAN 指令中的操作数一样。

4）示例：

```
SET R1,1;
ATAN R0,R1;    //R0 = arctan(R1)= 45
```

此时 R0 的值为 45。

（5）ASIN 指令

1）功能：

把操作数 1 与操作数 2 进行反正弦运算，结果存入操作数 1 中。

2）格式：

```
ASIN <操作数 1>,<操作数 2>;
ASIN <操作数 1>,<操作数 2>,PI;
```

3）参数：

<操作数 1>、<操作数 2>与 TAN 指令中的操作数一样。

4）示例：

```
SET R1,0.5;
ASIN R0,R1;   //R0 = arcsin(R1)= 30
```

此时 R0 的值为 30。

（6）ACOS 指令

1）功能：

把操作数 1 与操作数 2 进行反余弦运算，结果存入操作数 1 中。

2）格式：

```
ACOS <操作数 1>,<操作数 2>;
ACOS <操作数 1>,<操作数 2>,PI;
```

3）参数：

<操作数 1>、<操作数 2>与 TAN 指令中的操作数一样。

4）示例：

```
SET R1,0.5;
ACOS R0,R1;    //R0 = arccos(R1)= 60
```

此时 R0 的值为 60。

能力训练：使用运算指令控制机器人

1. 操作条件

1）广州数控工业机器人操作与运维实训平台。

2）《工业机器人 GR-C 控制系统　操作说明书》（2022 年 2 月第 7 版）。

2. 安全及注意事项

1）禁止在工业机器人周围做出危险行为，接触工业机器人或周围机械有可能造成人身伤害。

2）为防止发生危险，操作人员在操作工业机器人时必须穿戴好工作服、安全鞋、安全帽等安全用具。

3）接触工业机器人控制柜、操作盘、工件及其他夹具等，有可能造成人身伤害。

4）禁止强制启动工业机器人、悬吊于工业机器人下、攀爬工业机器人，以免造成人身伤害或设备损坏。

5）禁止靠在工业机器人或其他控制柜上，不要随意按动开关或按钮，以免造成人身伤害或设备损坏。

6）当工业机器人处于通电状态时，禁止未经过专门培训的人员接触工业机器人控制柜和示教盒，否则错误操作会导致人身伤害或设备损坏。

3. 操作过程

使用运算指令控制机器人的具体操作过程如表 C3-7 所示。

表 C3-7　使用运算指令控制机器人的具体操作过程

序号	步骤	操作方法及说明	质量标准

1	编写 INC 指令程序	编写如下程序，并查看变量值。
		MAIN;
		LAB1;
		MOVJ P1,V20,Z0;
		DELAY T0.5;
		MOVJ P2,V20,Z0;
		INC R0;　　　　　//每运行一次该指令,R0 中的数值会加 1
		JUMP LAB1;
		END;
			程序运行正确，变量值正确

续表

序号	步骤	操作方法及说明	质量标准

2	编写 DEC 指令程序	编写如下程序，并查看变量值。
		MAIN;
		LAB1;
		MOVJ P1,V20,Z0;
		DELAY T0.5;
		MOVJ P2,V20,Z0;
		DEC R0;　　　　//每运行一次该指令，R0 中的数值会减 1
		JUMP LAB1;
		END;
			程序运行正确，变量值正确

3	编写 ADD 指令程序	编写如下程序，并查看变量值。
		SET B0,5;　　　//将 B0 置 5
		SET B1,2;　　　//将 B1 置 2
		SET B2,1;　　　//将 B2 置 1
		ADD B0,B1;　　 //此时 B0 等于 B0 加 B1,等于 7
		ADD B0,B1,B2; //此时 B0 等于 B1 加 B2,等于 3
			程序运行正确，变量值正确

4	编写 SUB 指令程序	编写如下程序，并查看变量值。 SET B0,5;　　//将 B0 置 5 SET B1,2;　　//将 B1 置 2 SUB B0,B1;　 //此时 B0 的值为 3	程序运行正确，变量值正确
5	编写 MUL 指令程序	编写如下程序，并查看变量值。 SET B0,5;　//将 B0 置 5 MUL B0,2;　//此时 B0 的值为 10	程序运行正确，变量值正确
6	编写 DIV 指令程序	编写如下程序，并查看变量值。 SET B0,6;　//将 B0 置 6 DIV B0,2;　//此时 B0 的值为 3	程序运行正确，变量值正确
7	编写 MOD 指令程序	编写如下程序，并查看变量值。 SET B0,5;　//将 B0 置 5 MOD B0,2;　//此时 B0 的值为 1	程序运行正确，变量值正确

8	编写 SETE 指令程序	编写如下程序，并查看变量值。
		SET R0,6;
		SETE PX1(0),R0;　//此时 PX1 变量的 X=6,Y=6,Z=6,W=6,
		　　　　　　　　 //P=6,R=6
		SETE PX1(6),3;　 //此时 PX1 变量的 X=6,Y=6,Z=6,W=6,
		　　　　　　　　 //P=6,R=3
			程序运行正确，变量值正确

9	编写 GETE 指令程序	编写如下程序，并查看变量值。
		SET R0,6;
		SETE PX1(0),R0;　//此时 PX1 变量的 X=6,Y=6,Z=6,W=6,
		　　　　　　　　 //P=6,R=6
		SETE PX1(6),3;　 //此时 PX1 变量的 X=6,Y=6,Z=6,W=6,
		　　　　　　　　 //P=6,R=3
		GETE R0,PX1(6);　//此时 R0=3
			程序运行正确，变量值正确

10	设备整理和清洁	整理设备、清洁工位，并填写设备使用记录	按规定清理好自己的工位

问题情境：

系统变量的分类及访问机制是怎样的？

系统变量可分为全局变量和局部变量两种，全局变量适用于所有程序，局部变量适用于各子程序。变量的类型有：字节型变量（B）、整数型变量（I）、双精度型变量（D）、实数型变量（R）、笛卡儿位姿变量（PX），所有的程序文件都可以访问和使用这些变量。各个程序文件中的局部变量是相互独立的。在主菜单中的[变量]菜单中可以查看和管理全局变量的信息。若要查看局部变量的信息，需要将局部变量的值先赋给相应的全局变量，然后通过[变量]菜单查看这些全局变量的值。

4. 学习结果评价

学习结果评价如表 C3-8 所示。

表 C3-8　学习结果评价

序号	评价内容	评价标准	评价结果（是/否）
1	编写 INC 指令程序	程序运行正确，变量值正确	
2	编写 DEC 指令程序	程序运行正确，变量值正确	
3	编写 ADD 指令程序	程序运行正确，变量值正确	
4	编写 SUB 指令程序	程序运行正确，变量值正确	
5	编写 MUL 指令程序	程序运行正确，变量值正确	
6	编写 DIV 指令程序	程序运行正确，变量值正确	
7	编写 MOD 指令程序	程序运行正确，变量值正确	
8	编写 SETE 指令程序	程序运行正确，变量值正确	
9	编写 GETE 指令程序	程序运行正确，变量值正确	
10	设备整理和清洁	按规定清理好自己的工位	

课后作业

1. 分析算术运算与逻辑运算的区别。
2. 列举逻辑运算的使用情境，并解释其作用。

职业能力 C3-5　正确使用平移指令控制机器人

【核心概念】

- 平移：通过坐标姿态数据定义，用于移动坐标原点的动作。

【学习目标】

- 熟练掌握平移指令及其使用方法。
- 认识平移指令在机器人程序编程中的重要性。
- 培养踏实认真、不怕失败、勇于尝试的职业素养。

基本知识：平移指令

平移是指对象物体从一个指定位置移动到另一个位置时，对象物体上的各点均保持等距离移动。平移示例如图 C3-4 所示。

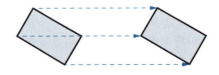

图 C3-4　平移示例

对机器人进行示教时，可以使用平移指令来减少工作量。平移指令特别适用于进行一组有规律的运动时的情况，如工件的堆垛等。

平移指令有 PX 指令、SHIFTON 指令、SHIFTOFF 指令、MSHIFT 指令等。

1. PX 指令

（1）功能

给 PX 变量（笛卡儿位姿变量）赋值。

（2）格式

```
PX<变量名> = PX<变量名>;
PX<变量名> = PX<变量名> + PX<变量名>;
PX<变量名> = PX<变量名> - PX<变量名>;
```

（3）参数

PX<变量名>：指定需要运算的位置变量名，范围为 0～99。

（4）说明

笛卡儿位姿变量主要用于平移。

2. SHIFTON 指令

（1）功能

指定平移开始及平移量，与 SHIFTOFF 指令成对使用。

（2）格式

```
SHIFTON PX<变量名>;
SHIFTON PX<变量名>,USERCOOR;
SHIFTON PX<变量名>,TOOLCOOR;
```

（3）参数

PX<变量名>：指定平移量，范围为 0～99。

（4）说明

1）PX 变量可以在[主页面]→[变量]→[位置型(PX)]界面中设置，如图 C3-5 所示。

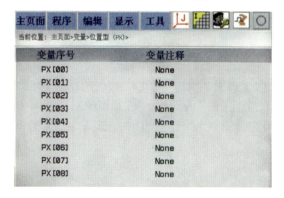

图 C3-5　PX 变量设置

2）MOVL 指令和 MOVC 指令中的示教点可以进行平移，对 MOVJ 指令中的示教点平移无效。

3. SHIFTOFF 指令

（1）功能
结束平移。
（2）格式

```
SHIFTOFF;
```

（3）说明
1）必须与 SHIFTON 指令配合使用，否则会提示错误"有重复的平移结束指令"。
2）SHIFTOFF 语句后的运动指令不具有平移功能。

4. MSHIFT 指令

（1）功能
通过指令获取平移量。平移量为第一个示教点的位置值减第二个示教点的位置值之差。
（2）格式

```
MSHIFT  PX<变量名>,P<变量名1>,P<变量名2>;
```

（3）参数
PX<变量名>：指定平移量，范围为 0～99。
（4）说明
通过两个示教点位置值相减的方式可精确计算出平移量，避免手动测量产生的误差。

5. UTOOL 指令

（1）功能
系统工具坐标系切换指令，用于将当前的系统工具坐标系切换成指定坐标系。
（2）格式

```
UTOOL NUM<变量名>;
UTOOL NUM<变量名>,PX<变量名>;
```

（3）参数
1）NUM<变量名>：指定工具坐标号，范围为 0～9。
2）PX<变量名>：指定平移量，范围为 0～99。
（4）说明
1）不同工具坐标号的工具坐标值可以在[工具坐标]界面中进行设置。
2）PX 变量可以在[变量]菜单中的子菜单[位置型(PX)]界面中进行设置。
3）NUM<变量名>和 PX<变量名>配合使用时，表示将 PX 的值设置为系统当前工具坐标号的坐标值。

6. UFRAME 指令

（1）功能
系统用户坐标系切换指令，用于将当前的系统用户坐标系切换成指定坐标系。

（2）格式

```
UFRAME NUM<变量名>;
UFRAME NUM<变量名>,PX<变量名>;
```

（3）参数

1）NUM<变量名>：指定工具坐标号，范围为 0~9。

2）PX<变量名>：指定平移量，范围为 0~99。

（4）说明

1）不同用户坐标号的用户坐标值可以在[用户坐标]界面中进行设置。

2）PX 变量可以在[变量]菜单中的子菜单[位置型(PX)]界面中进行设置。

3）NUM<变量名>和 PX<变量名>配合使用时，表示将 PX 的值设置为系统当前用户坐标号的坐标值。

7．ADDP 指令

（1）功能

基坐标移动指令，用于将变量作为基坐标系值临时赋值给示教点实现坐标偏移。

（2）格式

```
ADDP P<变量名 1>,PX<变量名>;
ADDP P<变量名 1>,P<变量名 2>,PX<变量名>;
```

（3）参数

1）PX<变量名>：指定平移量，范围为 0~99。

2）P<变量名 1>：获取第一个示教点，变量名 1 为示教点号，范围为 P0~P999。

3）P<变量名 2>：获取第二个示教点，变量名 2 为示教点号，范围为 P0~P999。

（4）说明

1）格式 1 中，将 PX 的值作为基坐标系下的点值赋值给 P，在同一次程序运行过程中，运动到 P 点后，基坐标系下显示为 PX 的值。

2）格式 2 中，将 P2 的值加 PX 的值作为基坐标系下的点赋值给 P1，体现的效果是运动至 P1 点时，实际到达的最终位置是 P2 点基坐标位置值加偏移量 PX 的值。

3）赋值过程是临时的，并不会修改 P 点在文件中保存的值。停止程序时，赋值效果失效。

8．ADDPJ 指令

（1）功能

关节坐标移动指令，用于将变量作为关节值临时赋值给示教点实现偏移。

（2）格式

```
ADDPJ P<变量名 1>,PX<变量名>;
ADDPJ P<变量名 1>,P<变量名 2>,PX<变量名>;
```

（3）参数

1）PX<变量名>：指定平移量，范围为 0~99。

2）P<变量名 1>：获取第一个示教点，变量名 1 为示教点号，范围为 P0~P999。

3）P<变量名 2>：获取第二个示教点，变量名 2 为示教点号，范围为 P0～P999。

（4）说明

1）格式 1 中，将 PX 的值作为关节值赋值给 P，在同一次程序运行过程中，运动到 P 点的关节值显示为 PX 的值。

2）格式 2 中，将 P2 的值加 PX 的值作为关节值赋值给 P1，体现的效果是运动到 P1 点时，运动到位后最终关节值是 P2 的关节值加 PX 的关节值。

3）赋值过程是临时的，并不会修改 P 点在文件中保存的值。停止程序时，赋值效果失效。

9．ADDPL 指令

（1）功能

用户坐标移动指令，用于将变量作为用户坐标值临时赋值给示教点实现坐标偏移。

（2）格式

```
ADDPL P<变量名 1>,PX<变量名>;
ADDPL P<变量名 1>,P<变量名 2>,PX<变量名>;
```

（3）参数

1）PX<变量名>：指定平移量，范围为 0～99。

2）P<变量名 1>：获取第一个示教点，变量名 1 为示教点号，范围为 P0～P999。

3）P<变量名 2>：获取第二个示教点，变量名 2 为示教点号，范围为 P0～P999。

（4）说明

1）格式 1 中，将 PX 的值作为用户坐标系下的点值赋值给 P，在同一次程序运行过程中，运动到 P 点后，用户坐标系下显示为 PX 的值。

2）格式 2 中，将 P2 的值加 PX 的值作为用户坐标系下的点赋值给 P1，体现的效果是 P1 运动到位后，用户坐标系下的值是 P2 用户坐标系下的值加偏移量 PX 的值。

3）赋值过程是临时的，并不会修改 P 点在文件中保存的值。停止程序时，赋值效果失效。

能力训练：使用平移指令控制机器人

1．操作条件

1）广州数控工业机器人操作与运维实训平台。

2）《工业机器人 GR-C 控制系统　操作说明书》（2022 年 2 月第 7 版）。

2．安全及注意事项

1）禁止在工业机器人周围做出危险行为，接触工业机器人或周围机械有可能造成人身伤害。

2）为防止发生危险，操作人员在操作工业机器人时必须穿戴好工作服、安全鞋、安全帽等安全用具。

3）接触工业机器人控制柜、操作盘、工件及其他夹具等，有可能造成人身伤害。

4）禁止强制启动工业机器人、悬吊于工业机器人下、攀爬工业机器人，以免造成人身伤害或设备损坏。

5）禁止靠在工业机器人或其他控制柜上，不要随意按动开关或按钮，以免造成人身伤害或设备损坏。

6）当工业机器人处于通电状态时，禁止未经过专门培训的人员接触工业机器人控制柜和示教盒，否则错误操作会导致人身伤害或设备损坏。

3. 操作过程

使用平移指令控制机器人的具体操作过程如表 C3-9 所示。

表 C3-9 使用平移指令控制机器人的具体操作过程

序号	步骤	操作方法及说明	质量标准
1	手动设置平移量	运用平移指令前，首先要建立一个平移量。建立平移量的方法有两种：一种是进入[主页面]→[变量]→[位置型(PX)]界面手动进行编辑，另一种是采用 MSHIFT 指令获取偏移量。这里采用第一种方法。进入[主页面]→[变量]→[位置型(PX)]界面，对 PX0 变量做如下图所示的修改，假设工件的厚度为 20mm，这样就可以在程序中使用 PX0 变量 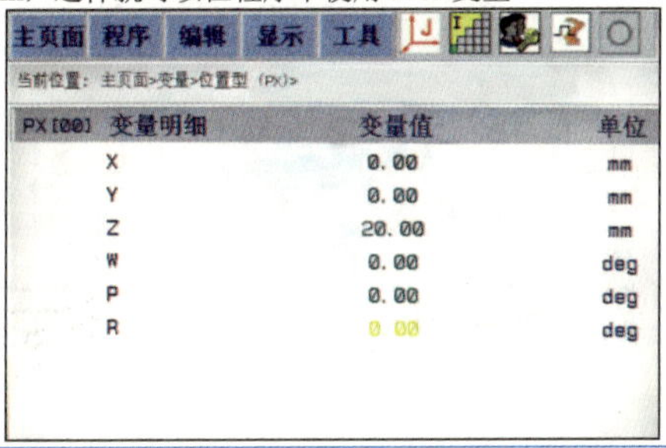 主页面 程序 编辑 显示 工具 当前位置：主页面>变量>位置型 (PX)> PX[00] 变量明细　变量值　单位 X　0.00　mm Y　0.00　mm Z　20.00　mm W　0.00　deg P　0.00　deg R　0.00　deg	能够精确地手动设置平移量，并熟练掌握设置方法

2	编写 SHIFTON 和 SHIFTOFF 指令程序	编写如下程序，验证运行轨迹。
		MAIN;
		SETE PX1(2),40;
		SHIFTON PX1;　　//平移开始，平移量 PX1
		MOVL P2,V20,Z0;
		MOVL P3,V20,Z0;　//平移 P2 至 P3 直线
		SHIFTOFF;　　　　//结束平移
		END;
			程序编写正确，机器人运行轨迹正确

3	编写 MSHIFT 指令程序	编写如下程序，验证运行轨迹。
		MAIN;　　　　　　　　//程序开始
		R1=0;　　　　　　　　//将变量 R1 清零
		MSHIFT PX0,P001,P002;　//获取平移量
		SUB PX1,PX1;　　　　//将平移量 PX1 清零
		LAB2:　　　　　　　//标签号 2
		SHIFTON PX1;　　　　//平移开始
		MOVL P1,V10,Z0;　　//移到示教点 P1
		SHIFTOFF;　　　　　//平移结束
		ADD PX1,PX0;　　　//每次多加 PX0 的平移量
		INC R1;　　　　　　//变量 R1 每次加 1
		JUMP LAB2,IF R1<3;　//控制平移 3 次
		END;　　　　　　　//程序结束
			程序编写正确，机器人运行轨迹正确

续表

序号	步骤	操作方法及说明	质量标准
4	多物料循环平移程序编写	编写如下程序，验证运行轨迹。 公司接收到一个工业机器人搬运工作站的程序编写任务，因为码垛货物加多，所以要求技术员使用循环平移编程方式编写工业机器人程序 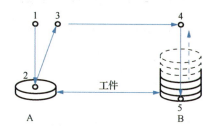	程序编写正确，机器人运行轨迹正确
5	设备整理和清洁	按规定整理设备，并对设备进行清洁，完成后正确填写设备使用记录	按规定清理好自己的工位

问题情境：

如何使用平移指令编写如下程序？

假设 A 处的工件为传送带输送过来的工件，需要将其抓取到 B 处，工件抓取示例如图 C3-6 所示。

图 C3-6　工件抓取示例

采用平移指令，只需获取 B 处的示教点 5 即可，其他示教点可通过增加平移量来获取。

4．学习结果评价

学习结果评价如表 C3-10 所示。

表 C3-10　学习结果评价

序号	评价内容	评价标准	评价结果（是/否）
1	手动设置平移量	能够精确地手动设置平移量，并熟练掌握设置方法	
2	编写 SHIFTON 和 SHIFTOFF 指令程序	程序编写正确，机器人运行轨迹正确	
3	编写 MSHIFT 指令程序	程序编写正确，机器人运行轨迹正确	
4	多物料循环平移程序编写	程序编写正确，机器人运行轨迹正确	
5	设备整理和清洁	按规定清理好自己的工位	

课后作业

1．与 SHIFTON 指令成对使用的是哪个指令？

2．简述手动设置平移量的操作方法。

3．写出 UTOOL 指令的使用格式。

参 考 文 献

谭志彬，2020．工业机器人：操作与运维教程[M]．北京：电子工业出版社．

姚屏，等，2020．工业机器人技术基础[M]．北京：机械工业出版社．

于玲，2018．工业机器人技术基础及实训[M]．北京：化学工业出版社．

附录1 机器人常用报警信息和解决方法

报警号	内容	原因	解决方法
3000001	Link 通信错误	总线环路断开	1）检查电气柜急停开关是否被按下，若是则重新拔起，总线连通后按清除键即可清除该报警。 2）检查连接各驱动的网线是否连通，重新插好网线，观察总线是否连上，否则考虑更换网线
3000008	通信数据异常	电气柜急停开关被按下/关节值突变	1）查看电气柜急停开关是否被按下，若是则重新拔起。 2）检查编码器数据是否异常
2200031	GSK-Link 连接超时	总线环路连接异常	检查线路是否接触不良
2200034	HMI 与 SER 通信异常	HMI 与 SER 通信超时或断开	1）连接电缆接触不良。 2）计算机软件配置错误
2200037	获取伺服参数超时	启动时获取伺服参数超时	检查 GSK-Link 连接线是否接触不良
2204003	机器人与 DEVICENET 设备 I/O 通信超时	机器人与焊机 I/O 通信超时	1）检查机器人与焊机之间的通信电缆连接是否正常。 2）焊接电源是否异常关机。 3）是否存在强干扰
2204007	机器人与 DEVICENET 设备 UCMM 通信错误	机器人与焊机 UCMM 通信错误	关机重新启动后再进行连接
2204100	DEVICENET 设备通信超时报警	机器人与焊机间的通信长时间未响应	1）检查通信电缆。 2）减小设备间的干扰
2204111	DEVICENET 设备故障	机器人接收到焊机故障信号出现报警	排除焊机故障并重新启动
2300006	急停报警	急停按钮被按下	1）查看示教盒急停按钮是否被按下，若是则重新复位急停按钮。 2）查看系统 I/O、IN0 是否处于高电平
2420036	主电源掉电	主电源掉电	排除故障后重新上电
2003002	J3 奇异状态	用 MOVL 或 MOVC 指令时机器人目标点经过（第二轴与第三轴接近形成一条直线）的地方	1）考虑是否可用 MOVJ 指令代替 MOVL/MOVC 指令（MOVJ 指令运行时不存在奇异状态）。 2）重新正确取点
2003003	J5 奇异状态	用 MOVL 或 MOVC 指令时机器人目标点经过（第五轴与第四轴接近形成一条直线）的地方	
2003010	电动机转角和关节值超差	电动机实际位置与控制系统位置差值过大	1）排除电动机故障。 2）检查上电时序是否符合规范
2400003	轴精度与电子齿轮比不匹配	参数匹配错误	轴精度参数与伺服电子齿轮比参数匹配有误，联系厂家
2004000	J1 轴速度超限	当前速度超过电动机设置的最高转速	适当降低机器人的运行速度
2004001	J2 轴速度超限		
2004002	J3 轴速度超限		
2004003	J4 轴速度超限		
2004004	J5 轴速度超限		
2004005	J6 轴速度超限		
2004006	T1 轴速度超限		
2004007	T2 轴速度超限		

续表

报警号	内容	原因	解决方法
2006001	J1+软限位	机器人运动范围超过 J1+方向设定的软限位值	手动清除报警后，关节坐标下单轴 J1-方向低速运动
2006002	J2+软限位	机器人运动范围超过 J2+方向设定的软限位值	手动清除报警后，关节坐标下单轴 J2-方向低速运动
2006003	J3+软限位	机器人运动范围超过 J3+方向设定的软限位值	手动清除报警后，关节坐标下单轴 J3-方向低速运动
2006004	J4+软限位	机器人运动范围超过 J4+方向设定的软限位值	手动清除报警后，关节坐标下单轴 J4-方向低速运动
2006005	J5+软限位	机器人运动范围超过 J5+方向设定的软限位值	手动清除报警后，关节坐标下单轴 J5-方向低速运动
2006006	J6+软限位	机器人运动范围超过 J6+方向设定的软限位值	手动清除报警后，关节坐标下单轴 J6-方向低速运动
2006007	T1+软限位	机器人运动范围超过 T1+方向设定的软限位值	手动清除报警后，关节坐标下单轴 T1-方向低速运动
2006008	T2+软限位	机器人运动范围超过 T2+方向设定的软限位值	手动清除报警后，关节坐标下单轴 T2-方向低速运动
2006021	J1-软限位	机器人运动范围超过 J1-方向设定的软限位值	手动清除报警后，关节坐标下单轴 J1+方向低速运动
2006022	J2-软限位	机器人运动范围超过 J2-方向设定的软限位值	手动清除报警后，关节坐标下单轴 J2+方向低速运动
2006023	J3-软限位	机器人运动范围超过 J3-方向设定的软限位值	手动清除报警后，关节坐标下单轴 J3+方向低速运动
2006024	J4-软限位	机器人运动范围超过 J4-方向设定的软限位值	手动清除报警后，关节坐标下单轴 J4+方向低速运动
2006025	J5-软限位	机器人运动范围超过 J5-方向设定的软限位值	手动清除报警后，关节坐标下单轴 J5+方向低速运动
2006026	J6-软限位	机器人运动范围超过 J6-方向设定的软限位值	手动清除报警后，关节坐标下单轴 J6+方向低速运动
2006027	T1-软限位	机器人运动范围超过 T1-方向设定的软限位值	手动清除报警后，关节坐标下单轴 T1+方向低速运动
2006028	T2-软限位	机器人运动范围超过 T2-方向设定的软限位值	手动清除报警后，关节坐标下单轴 T2+方向低速运动
3009001	机器人零点异常	机器人机械零点异常	重新进行零点校正
2001000	输入运动参数有误	运行程序过程中系统检测到当前速度超过[运动参数]界面中给定的最大允许位置速度或最大允许姿态速度	1）降低程序速度。2）适当增大运动参数中最大允许位置速度或最大允许姿态速度的值
1100017	平移指令不配对	指令运用不匹配	按说明书格式要求正确编写平移指令
1100052	此端口被占用	I/O 端口被占用	检查此 I/O 端口是否被占用，合理分配使用 I/O 端口
2204202	焊接引弧未成功	机器人检测到没有正常引弧	1）焊接电缆接触不良。2）焊接母材有油污、铁锈或不易导电。3）引弧检测时间设置较短
1100046	两点不构成圆弧	编程格式错误	正确编程（3 点才能构成一段圆弧）
1100202	引弧指令不匹配	没有选择匹配的引弧指令（检测到缺少引弧指令）	选择匹配的引弧指令（焊接区间是否有熄弧指令）
1100208	没有打开焊机	没有执行焊机打开指令	执行焊机打开指令

附录 2　机器人主要指令的格式种类和转换位置

指令名	格式种类	转换位置
MOVJ	MOVJ P,V,Z; MOVJ P,V,Z,E1,EV; MOVJ P,V,Z,E2,EV; MOVJ P,V,Z,E1,E2,EV;	不同的 MOVJ 格式可在[编辑]界面中将光标放于 MOVJ 处按[转换]键可得
MOVL	MOVL P,V,Z; MOVL P,V,Z,E1,EV; MOVL P,V,Z,E2,EV; MOVL P,V,Z,E1,E2,EV;	MOVL
MOVC	MOVC P,V,Z; MOVC P,V,Z,E1,EV; MOVC P,V,Z,E2,EV; MOVC P,V,Z,E1,E2,EV;	MOVC
DOUT	DOUT OT,ON/OFF; DOUT OT,STARTP,DSO DOUT OG,变量/常量;	DOUT
DIN	DIN 变量,IN; DIN 变量,IG;	DIN
WAIT	WAIT IN,ON/OFF,T; WAIT IG,变量/常量,T;	WAIT
JUMP	JUMP LAB; JUMP LAB,IF 变量/常量 比较符 变量/常量; JUMP LAB,IF IN == ON/OFF;	JUMP
ARCON	ARCON AC,AV,V,T; ARCON AC,AVP,V,T; ARCON V,T; ARCON ASF;	ARCON
ARCOF	ARCOF AC,AV,T; ARCOF AC,AVP,T; ARCOF T; ARCOF AEF;	ARCOF
ARCSET	ARCSET AC; ARCSET AV; ARCSET V;	ARCSET
变量/常量	B，I，D，R，常量	变量/常量
比较符	<，<=，>，>=，==，<>	比较符
ON/OFF	ON，OFF	ON/OFF

附录 3 机器人常用运动参数

位置过渡的修正阈值因子：内部定义，不做修改，默认为 40。

与 CR 过渡等价的 PL 过渡等级：圆弧 CR 过渡时，对运动控制处理，可使用相应的位置等级 Z 值来等效处理。

姿态过渡速度倍乘系数：姿态过渡时，加速度有效的放大倍数，该值越大，过渡越快；该值越小，过渡越慢。

姿态过渡速度阈值因子：姿态过渡时，对位置速度的调整因子，该值越大，姿态过渡对位置速度的影响越小，从而位置速度越快；相反，位置速度越小。

外部轴过渡速度倍乘系数：外部轴过渡时，加速度有效的放大倍数，该值越大，过渡越快；该值越小，过渡越慢。

外部轴过渡速度阈值因子：外部轴过渡时，对位置速度的调整因子，该值越大，外部轴过渡对位置速度的影响越小，从而位置速度越快；相反，位置速度越小。

空缓冲等待次数：在运动控制时，有时由于线段太短或启动速度太快，导致后续指令运动点来不及处理，从而出现运动空区。为避免此情况，可适当降低指令速度或者增大空缓冲等待次数。启动时，该值越大，在储存相对多的运动点后才运动；该值越小，在储存相对少的运动点后才运动。

位置等级 0~8 区间：移动命令 MOVJ（关节动作）或 MOVL（直线动作）的位置等级由 Z 值决定。

例如，MOVL P1,V100,Z*;
        └─── 位置等级

设定位置等级 Z 值，可以使机器人的实际运行轨迹相对于示教点向内移动，且 Z 值越大，向内移动距离越大，运行轨迹为圆弧，速度是连续变化的。再现时的动作如附图 3-1 所示。

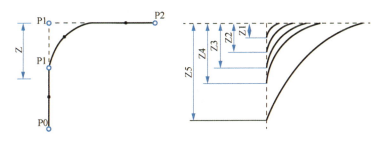

附图 3-1　再现时的动作

因为实际轨迹比示教位置向内移动，所以在设定位置等级 Z 值时要充分考虑安全性。

位置等级为 0~8，共分为 9 级，可附加于移动命令 MOV 之后。例如，"MOVL P*,V100,Z1;"，各等级的特点如下。

0：与目标点的位置完全重合。

1~8：向内走圆弧轨迹。

以下是参数设置与处理各位置等级关系的详细说明。

等级 0：距离目标点的各轴的偏差值（脉冲数）达到参数指定的位置设定范围时，判断为控制点到达指定位置。

达到指定位置后，按照命令，朝下一个目标点移动。

等级 1～8：认可目标点前的一个假想位置，假想位置在何处，由位置等级决定。

在参数中，设定各位置等级对应的距离数据，判定假想目标位置由命令系统决定。

设定范围：由参数设定的各位置等级的范围。

附录 4　机器人信号定义

附表 4-1　机器人 I/O 信号定义

信号组：8bit 一组。

序号	信号				说明
	内部信号		外部信号		
	输入（G）	输出（F）	输入（X）	输出（Y）	
1	G0.0～G7.7	F0.0～F7.7	X0.0～X7.7	Y0.0～Y7.7	专用信号
2	G8.0～G9.7	F8.0～F9.7			预留
3	G10.0～G15.7	F10.0～F15.7	X3.0～X8.7	Y3.0～Y8.7	用户自定义
4	G16.0～G47.7	F16.0～F47.7	X16.0～X47.7	Y16.0～Y47.7	焊接卡信号
5	G48.0～G95.7	F48.0～F95.7	X48.0～X95.7	Y48.0～Y95.7	GPC 信号
6	G96.0～G103.7	F96.0～F103.7			预留
7	G104.0～G119.7	F104.0～F119.7			PMC 信号
8	…	…	X120.0～X127.7	Y120.0～Y127.7	示教盒面板按键

注：在非 PLC 模式下，IN0～IN127/OT0～OT127 是 I/O 卡输入信号；IN128～IN383/OT128～OT383 是焊接卡信号；IN384～IN767/OT384～OT767 是总线 I/O 信号（GPC/MODBUS-TCP）。

附表 4-2　机器人专用关联信号详细定义

信号组：8bit 一组。

序号	关联信号	说明	
		定义	备注
1	X0.0～X0.7 强制关联 G0.0～G0.7	系统重要专用 I/O	
2	F0.0～F0.7 强制关联 Y0.0～Y0.7	系统重要专用 I/O	
3	X123.0～X123.7 强制关联 G2.0～G2.7	面板重要操作键	
4	X124.0～X124.7 强制关联 G3.0～G3.7	面板重要操作键	
5	F16.0～F16.7 强制关联 G16.0～G16.7	焊接卡重要 I/O	
6	F48.0～F48.7 强制关联 G48.0～G48.7	GPC 重要 I/O	